职业院校专业教师企业实践培训与考核指南丛书

立项单位：湖南省教育厅

研究单位：湖南省教育科学研究院　湖南省教育战略研究中心

U0721017

职业院校专业教师企业实践培训与考核指南

——自动化类专业

ZHIYE YUANXIAO ZHUANYE JIAOSHI QIYE SHIJIAN PEIXUN YU KAOHE ZHINAN

ZIDONGHUALEI ZHUANYE

舒底清　张宇驰　著

中南大学出版社
www.csupress.com.cn

·长沙·

内容简介

　　《职业院校专业教师企业实践培训与考核指南——自动化类专业》是"职业院校专业教师企业实践培训与考核指南丛书"之一，包括正文和附录两个部分。正文主要包括职业素养、岗位核心能力、专业教学能力、专业发展能力四大模块。职业素养主要包括企业文化、企业制度、岗位规范、政策法规等 4 个项目；岗位核心能力主要涉及小型运动控制系统开发、智能感知应用、工业机器人操作与示教编程、工业数据采集与处理、自动化生产线安装与调试(电气自动化技术专业方向)、自动化生产线优化与升级(电气自动化技术专业方向)、数控机床装调与维护(机电一体化技术专业方向)、数控机床改造升级(机电一体化技术专业方向)、工业机器人典型应用编程(工业机器人技术专业方向)、工业机器人维护与保养(工业机器人技术专业方向)、工业机器人系统集成、智能化边缘计算系统应用等 12 个项目；专业教学能力模块主要包括行业企业调研、典型工作任务分析、课程体系开发、教学资源开发、教学能力训练等 5 个项目；专业发展能力模块包括应用技术研究和社会服务 2 个项目。附录包括技能考核项目、考核评分标准、样题等。

　　本《指南》面向读者为高职高专学校目前开设的电气自动化技术、机电一体化技术、工业机器人技术等自动化类专业教师以及相关行业企业从业人员，帮助读者熟悉装备制造先进企业工艺流程、安全管理、岗位规范及典型工作任务，跟踪装备制造产业发展趋势和人工智能等新一代信息技术的应用，掌握机电设备装调与维护维修、工业机器人编程调试与系统集成、设备功能调整与优化等工作领域职业岗位的基本技能、核心技术，提升教学实践能力、应用研发能力和收集开发教学资源的能力，促进教师"双师"素质的形成和专业发展，进而提升服务装备制造行业企业的能力。

职业院校专业教师企业实践培训与考核指南丛书
编委会

主　　　任　陈拥贤

副　主　任　王江清　舒底清

委　　　员　(以姓氏笔画为序)

方小斌　邓德艾　向罗生　杜佳琳

李　琼　李　斌　李宇飞　李移伦

邱志军　陈　勇　罗先进　阚　柯

潘岳生

丛 书 主 编　舒底清

丛书副主编　王江清　邱志军　阚　柯　李移伦

职业院校专业教师企业实践培训与考核指南——自动化类专业
研究与编写人员

舒底清　湖南省教育科学研究院

张宇驰　湖南工业职业技术学院

刘德玉　湖南工业职业技术学院

唐健豪　湖南工业职业技术学院

何其文　湖南工业职业技术学院

李德尧　湖南工业职业技术学院

彭　雯　湖南工业职业技术学院

刘良斌　湖南工业职业技术学院

刘　峥　湖南工业职业技术学院

龙定华　楚天科技股份有限公司

宁　珂　湖南华数智能技术有限公司

闻新骅　湖南华数智能技术有限公司

《职业院校专业教师企业实践培训与考核指南》开发指导手册

一、《职业院校专业教师企业实践培训与考核指南》开发的背景与意义

（一）背景与意义

党的十八大以来，特别是《国家职业教育改革实施方案》颁布以来，我国职业教育改革发展走上了提质培优、增值赋能的快车道，职业教育面貌发生了格局性变化。

教师、教材、教法"三教"联动改革，其中推动和落实"三教"改革工作的主体是教师，教师队伍建设是职业院校培养优秀人才的重要基础。以习近平同志为核心的党中央高瞻远瞩、审时度势，立足新时代，将教育和教师工作提到了前所未有的政治高度，对建设高素质"双师型"教师队伍进行了决策部署。习近平总书记在全国教育大会上发表的重要讲话中指出，要"坚持把教师队伍建设作为基础工作"。《中共中央 国务院关于全面深化新时代教师队伍建设改革的意见》中提出，要"全面提高职业院校教师质量，建设一支高素质双师型的教师队伍"。《国家职业教育改革实施方案》第十二条提出，要"多措并举打造'双师型'教师队伍"。

目前，职业教育教师培养培训体系基本建成，教师管理制度逐步健全，教师地位待遇稳步提高，教师素质能力显著提升，为职业教育改革发展提供了有力的人才保障和智力支撑。但是，国内职业院校引进教师时普遍注重高学历，

大部分教师直接从学校到学校，虽然专业理论知识很扎实，但实践工作经历不足，不熟悉企业生产组织方式、工艺流程，缺乏把握产业发展趋势的能力，难以胜任教育与产业、学校与企业、专业设置与职业岗位、课程教材与职业标准、教学过程与生产过程深度对接的需要。因此，这些教师在承担专业核心课程教学任务时，尤其是实践方面的课程时往往会捉襟见肘。同时，具备理论教学和实践教学能力的"双师型"教师和教学团队短缺，已成为制约职业教育改革发展的瓶颈。

面对建设社会主义现代化强国、新时代国家职业教育改革的新形势、新要求，落实立德树人根本任务，深化职业教育教师队伍建设改革，提高教师教育教学能力和专业实践能力，优化专兼结合教师队伍结构，打造一支高素质"双师型"教师队伍，是职业教育教师队伍建设改革的一项紧迫任务。

近年来，从中央到地方陆续出台了一系列政策，教育部等七部门印发的《国家职业教育改革实施方案》《职业学校教师企业实践规定》和《深化新时代职业教育"双师型"教师队伍建设改革实施方案》等文件提出"落实教师5年一周期的全员轮训制度""没有企业工作经历的新任教师应先实践再上岗"等要求。

企业实践作为职业院校教师队伍建设的基础性工程，对推进职业院校教师专业发展、提高专业教学能力、提升人才培养质量具有极其重要的作用。同时，职业院校教师企业实践培训项目是职业院校教师素质提高计划的重要内容，是提高青年教师专业实践技能的必经之路，是开展专业实践教学活动的重要平台，是建设"双师型"教学团队的重要举措，是产学合作、工学结合的实现形式，是提升教师专业素质、提高教师队伍整体水平的保证，是专业建设和课程建设的需要，也是教师个人发展的需要。

近几年，湖南省职业院校教师素质提高计划均安排了教师进行企业实践。同时，各校每年均会安排教师企业实践，在培训内容、培训方式、培训管理和培训考核等方面做了很多有益尝试，取得了较好的效果。但是，教师企业实践工作仍面临很多问题，主要包括：

第一，培训需求与培训目标的匹配问题。教师的培训需求与企业实践岗位没有进行有效对接，导致实践岗位与教师的实际需求脱节，不能完全满足教师的培训需要。

第二，培训目标与培训内容的匹配问题。部分企业实践基地不能结合教师专业水平制定个性化的企业实践方案，培训目标比较模糊，不好评价和考核；培训内容与培训目标不能完全匹配，企业实践岗位及培训模块安排不够合理，部分职教师资培训基地尚缺乏对教师企业实践的系统考虑和资源保障，因而无法提供有针对性的实践内容。

第三，培训管理与培训考核的匹配问题。部分企业实践基地对教师企业实践认识不到位，培训方式和评价考核的随意性较大，带教师傅对传授给教师的岗位实践能力缺乏了解，导致对实践的目的、内容、效果评价等缺乏系统性规划，无法保证学员提高与教学相关的实践能力。

为了落实《职业学校教师企业实践规定》《国家职业教育改革实施方案》《湖南省职业教育改革实施方案》《湖南省教育厅关于加强新时代高等职业教育人才培养工作的若干意见》等文件精神，以及实现"到 2022 年，建立 50 个省级'双师型'教师培训基地；职业院校专业课教师(含实习指导教师)顶岗实践、挂职锻炼时间原则上每 5 年不少于 6 个月，或每 2 年不少于 2 个月；新入职专业教师不具备 3 年以上企业工作经历的，前 3 年须赴企业集中实践锻炼半年以上"的目标，亟待进一步建立和健全职业院校教师企业实践培训的长效机制，对接行业产业的发展趋势和要求，结合职业院校内涵建设的具体目标，合理构建"国家—省—校"三级教师企业实践培训体系，科学合理规划岗位实践培训内容及考核方式，有效组织与实施培训。因此，加快制定《职业院校专业教师企业实践培训与考核指南》(以下简称《指南》)，进一步规范和明确职业院校各专业教师企业实践的目标、内容、标准和考核评价等，有利于学校和实践基地共同明晰培训要求，促进实践培训体系的完善，确保企业实践的实效；有利于实施个性化的教师企业实践，提升教师实践教学水平，促进职业院校教师专业发展；有利于加强职业院校"双师型"教师队伍建设，推进教师教材教法改革。

(二)开发目标

通过校企共同开发教师企业实践培训与考核指南，主要解决以下问题：

(1)厘清专业教师企业实践能力要求，明确 5 年 6 个月一周期的企业实践培训的目标、内容、任务和预期成果。

(2)科学遴选企业实践培训基地，合理设计培训项目，规范进行培训过程考核评价和结业评价。

(3)指导学校、专业和教师有计划、科学安排教师进行企业实践，规范教师企业实践的管理，促进教师"双师"素质培养和学校"双师型"教师队伍的建设。

二、《指南》术语

（一）企业实践

《指南》中的企业实践，是指职业院校的专业课教师、实习实训指导教师走出学校，进入企业(行业)生产服务一线所进行的实践活动。其目的是促进职业院校教师实践能力的提高，主要包括：①了解企业文化、制度、生产组织方式、工艺流程、产业发展趋势等基本情况；②熟悉企业相关工作岗位(工种)职责、操作规范、技能要求、用人标准及管理制度等内容；③学习任教专业在生产实践中应用的新知识、新技能、新工艺、新方法；④结合企业生产实践和用人标准，不断完善专业人才培养方案、课程标准、教学方案，改进教学方法，积极开发新形态教材，切实加强职业院校实践教学环节，提高技术技能人才培养质量。本《指南》涉及的教师企业实践的形式，主要包括到企业考察观摩、接受企业技能培训、在企业的生产和管理岗位兼职或任职、参与企业产品研发和技术创新等。护理等医药卫生大类的专业，由于其特殊性，行业实践单位为医疗机构、母婴保健机构、老年健康照护机构、社区卫生服务中心等非企业单位，采用"行业标准"而非"企业标准"进行相关描述。

（二）培训与考核指南

《指南》是规范教师企业实践的指导性文件。它具体规定了培训目标与培训内容、培训任务与培训要求、培训形式与组织实施、培训考核与评价、培训条件与保障等内容。它是湖南省教师企业实践基地举行教师企业实践培训工作、学校组织实施教师企业实践培训工作的重要依据，也是专业教师企业实践的指导性文件和评价教师企业实践培训效果的重要依据。

（三）企业实践能力分析

本《指南》中的企业实践能力是指教师通过企业实践获得的与专业教学相

关的实践能力，是通过分析教师岗位所涉及的与专业相关的且能够通过企业实践培训而获得的完成职业领域中具体工作任务的能力。

（四）企业实践基地

本《指南》所指的企业实践基地是指具有独立法人资格的企业，并且企业应在相应的专业教师实践岗位或领域具有公认的工作业绩和先进经验，代表行业先进水平，在本行业有较强的影响力，具有覆盖较广专业面的岗位群和产业链。企业应在区域内有一定的辐射作用，并有志于职业院校教师培养工作，有较强的社会责任感，有较好的校企合作基础，有较完整的工作设想和方案。

（五）企业带教师傅

企业带教师傅一般是具有较强的表达能力、丰富带教经验的优秀企业业务骨干或技术能手，带教师傅应了解企业生产工艺流程，能够按照企业实践计划指导教师的岗位实践活动。企业带教师傅原则上应是具有中级以上专业技术职称或具有二级以上职业资格证书、在相关行业领域享有较高声誉和特殊技能的能工巧匠等。

三、《指南》开发思路

（一）基本理念

1. 融入新标准新技术，突出先进性

中国特色职业教育体系建设和职业教育现代化，离不开改革发展，改革离不开创新。《指南》的开发，要坚持立德树人的思想，以先进的职业教育理念为指导，将技能提升与职业素养有机融合起来。同时，既要考虑融入新一代信息技术、数字化转型所需要的新知识和新技术，也要立足当下，脚踏实地学习传统产业中的传统知识、传统技术、传统技能。

2. 对接岗位规格要求，突出专业性

《指南》是职业院校教师在企业实践能力层面的具体化，是针对不同层次职业院校教师的要求而制定的。因此，在指南开发过程中，既要考虑教师应该具备的基本知识、基本理论和基本技能，也要考虑相应职业主要岗位和工作过程

的素质、知识与能力要求。

3.关注职业能力发展，突出持续性

以工作过程为导向或成果导向的职业教育不是以传授学科知识为目的，其宗旨是向学生传授工作过程知识，促进学生职业能力的形成；其教学内容不是以学科体系来构建，而是根据从"新手→生手→熟手→能手→高手"的职业能力发展阶段来建构；职业教育模式为理论与实践相结合的一体化模式。因此，应基于教师可持续发展理念来构建培训内容、培训方法和考核评价，促进职业院校教师"双师素质"的形成。

4.注重实践能力向教学能力转化，突出示范性

教师是反思性实践者，提倡职业院校教师培养遵循"行动→反思→学习→提高→行动"的思路，强化实践意识和反思中成长理念。在开发指南时，不仅要强调学科专业知识和能力的培养，还要重视职业教育知识与教学技能的训练，同时更要关注教师将专业实践能力转化为教学能力的培养。

5.坚持多方协同开发，突出多元性

职业院校教师企业实践指南的开发，既要考虑职业教育对教师教学能力的要求，又要考虑行业企业对教师专业能力的要求，还要考虑职业院校对教师的要求。因此，需要政府—学校—企业共同开发、论证，并在实践中不断修改完善。

（二）基本原则

1.科学性原则

《指南》的开发要遵循国家专业教学标准、"1+X"证书试点标准要求，切合职业院校教师专业发展实际，严格遵守开发规范。要本着科学、务实的态度，边开发、边探索、边完善。

2.规范性原则

《指南》的文字表达要准确、规范，层次要清晰，逻辑要严密，技术要求和专业术语应符合国家有关标准和技术规范，文本格式和内容应符合规定的要求。

3.实用性原则

《指南》要有利于职业院校的教师队伍发展，能适应企业岗位的实际需要，

与职业标准(含职业技能等级标准)及专业教学标准相结合,各项内容、任务和培训、考核要求应清晰明确,尽可能具体化、可评价、可操作。

4.示范性原则

《指南》要具有示范性,能反映科学技术进步和社会经济发展趋势,体现职业教育的发展趋势,要为企业创造性地实施教师企业实践培训和考核留出拓展空间。

(三)教师企业实践能力模型构成

教师企业实践能力模型构成示意图见下。

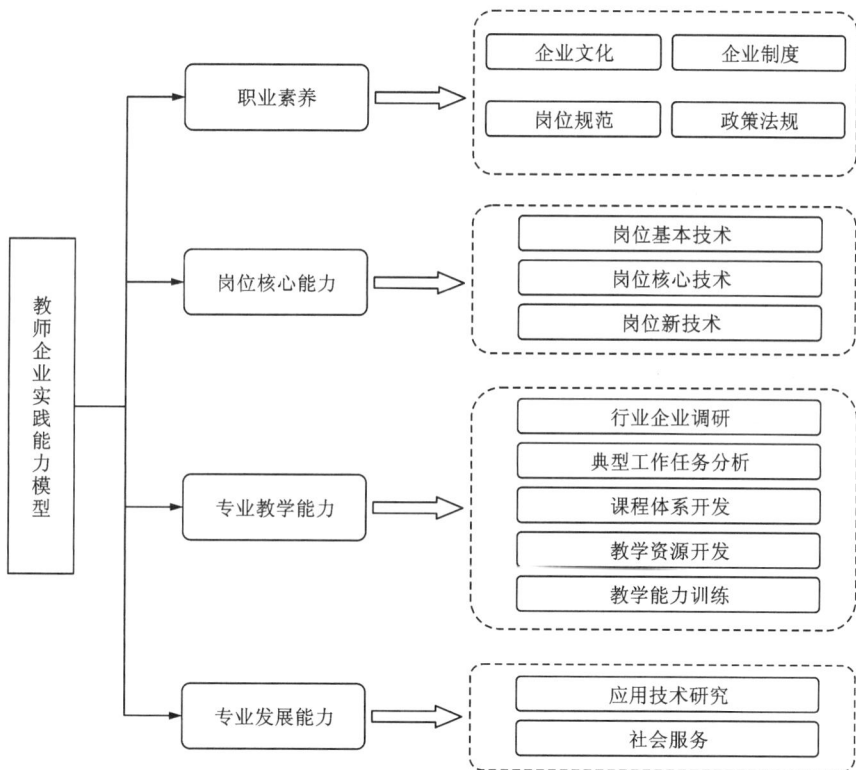

教师企业实践能力模型示意图

(四)教师企业实践指南开发的技术路线

教师企业实践指南开发的技术路线示意图见下。

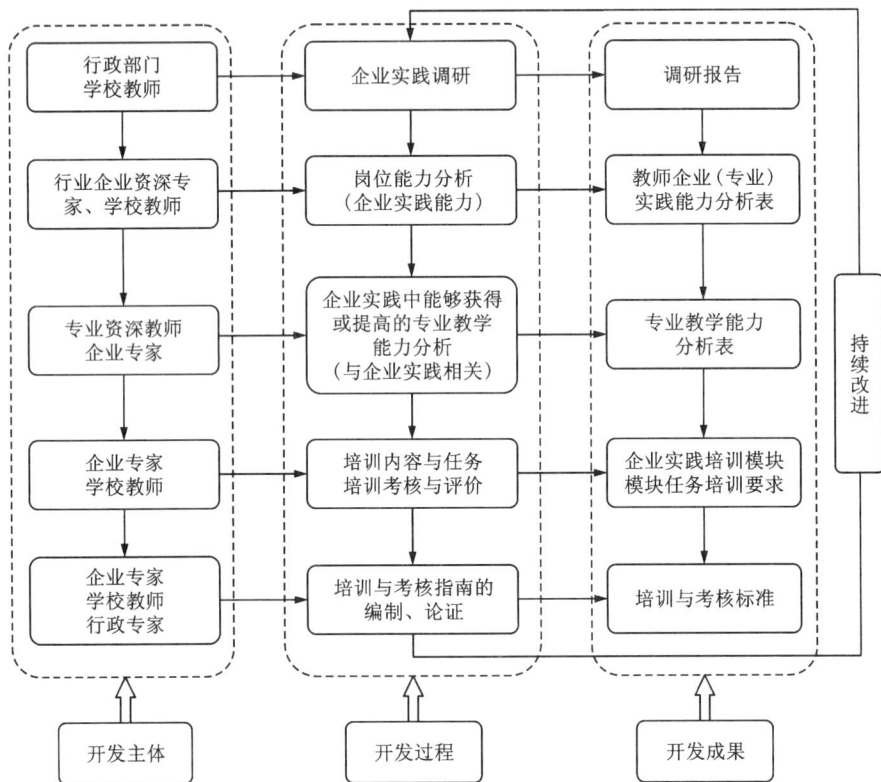

```
┌─────────────┐      ┌─────────────┐      ┌─────────────┐
│  行政部门    │─────▶│  企业实践调研 │─────▶│   调研报告   │
│  学校教师    │      └─────────────┘      └─────────────┘
└─────────────┘             │                    │
      │                     ▼                    ▼
┌─────────────┐      ┌─────────────┐      ┌─────────────┐
│ 行业企业资深专 │─────▶│  岗位能力分析  │─────▶│ 教师企业(专业)│
│ 家、学校教师  │      │ (企业实践能力) │      │  实践能力分析表 │
└─────────────┘      └─────────────┘      └─────────────┘
      │                     │                    │
      ▼                     ▼                    ▼
┌─────────────┐      ┌─────────────┐      ┌─────────────┐
│  专业资深教师  │─────▶│ 企业实践中能够获得│─────▶│  专业教学能力  │
│   企业专家   │      │ 或提高的专业教学 │      │   分析表    │
└─────────────┘      │   能力分析    │      └─────────────┘
      │              │ (与企业实践相关) │             │
      ▼              └─────────────┘             ▼
┌─────────────┐             │            ┌─────────────┐
│  企业专家    │─────▶┌─────────────┐─────▶│ 企业实践培训模块 │
│  学校教师    │      │ 培训内容与任务  │      │ 模块任务培训要求 │
└─────────────┘      │ 培训考核与评价  │      └─────────────┘
      │              └─────────────┘             │
      ▼                     │                    ▼
┌─────────────┐             ▼            ┌─────────────┐
│  企业专家    │─────▶┌─────────────┐─────▶│ 培训与考核标准  │
│  学校教师    │      │ 培训与考核指南的 │      └─────────────┘
│  行政专家    │      │  编制、论证   │
└─────────────┘      └─────────────┘

┌─────────────┐      ┌─────────────┐      ┌─────────────┐
│   开发主体    │      │   开发过程    │      │   开发成果    │
└─────────────┘      └─────────────┘      └─────────────┘
```

持续改进

教师企业实践指南开发技术路线示意图

四、《指南》体例构成

本部分内容所阐述的"教师企业实践培训与考核指南构成"是《指南》共性约定及合格要求,在开发具体专业类教师企业实践培训指南时要结合各专业类特点进行个性化描述。

一、编制背景

二、编制依据

三、适用专业与培训对象

百年大计，教育为本；教育大计，教师为本。教师是立教之本、兴教之源，承担着让每个孩子健康成长，办好人民满意教育的重担。《国家职业教育改革实施方案》颁布以来，职业教育作为一种类型教育，走上了提质培优、增值赋能的快车道。在推进育人方式、办学模式、管理体制、办学机制改革的进程中，离不开高素质的教师队伍；深化教师、教材、教法"三教"改革，打造优质课堂，提高人才培养质量，更是离不开"能说会做"的"双师"素质教师。

国家历来重视教师队伍建设工作，尤其是关心职业院校教师的成长和发展，《国家教育事业发展"十三五"规划》《国家职业教育改革实施方案》《职业学校教师企业实践规定》和《深化新时代职业教育"双师型"教师队伍建设改革实施方案》等文件均对职业院校"双师型"教师队伍建设、"双师型"教师队伍培养体系建设等提出要求。而组织教师进行企业实践，是推进"双师型"教师队伍建设，实行工学结合、校企合作人才培养模式，提高职业教育质量的重要举措；教师定期到企业实践，是促进职业院校教师专业成长、提升教师实践能力的重要措施和有效方式。

目前，各地、各校均在组织教师企业实践工作，取得了一定的成效。但是存在以下问题。一是针对性不够。教师企业实践没有整体规划和分阶段安排，教师按照个人意愿进行企业实践，目的性不强，存在所学非所需情况。二是实效性不够。对于职业院校教师企业实践，学校、教师和企业在培训内容与要求、培训方式与管理、培训考核与评价等方面均缺乏系统性规划和科学合理的安排，导致参与培训的教师和接受培训的企业都比较迷茫，影响企业实践的效果。三是成果转化不够。教师企业实践结束后，教师可能因为资源转换能力不够的问题，未及时对企业实践成果进行总结、归纳和提炼，导致将企业实践成果转化为教学资源成果不够。为此，湖南省教育科学研究院职业教育与成人教育研究所组织学校和企业专家开展了"职业院校'双师型'教学团队建设"研究，开发教师企业实践培训指南，建立教师企业实践培训基地，连续5年在全省范围内实施教师企业实践国家级培训和省级培训项目，取得了良好的效果。

基于多年的实践，我们推出这套"职业院校专业教师企业实践培训与考核指南丛书"，为职业院校专业教师企业实践工作提供培训规范要求和考核评价标准，使教师企业实践工作有章可循、有规可依，有利于促进教师的专业实践能力提高和教育教学能力提升。

"职业院校专业教师企业实践培训与考核指南丛书"的编写，得到了湖南省教育厅、相关职业院校、企业领导、专家和广大教师的大力支持、帮助和指导，在此表示衷心的感谢！

我们希望本套丛书能够为相关专业教师企业实践提供指导，切实提升专业实践能力和专业教学能力，成为名副其实的"能说会做"优秀职教"双师"。

丛书编委会

2021 年 8 月

CONTENTS 目 录

▶ 一、编制背景

根据《国家职业教育改革实施方案》《职业学校教师企业实践规定》《湖南省职业教育改革实施方案》《湖南省教育厅关于加强新时代高等职业教育人才培养工作的若干意见》等文件精神,为认真执行"职业院校教师每年至少1个月在企业或实训基地实训,落实教师5年一周期的全员轮训制度",以及"到2022年,职业院校专业课教师(含实习指导教师)顶岗实践、挂职锻炼时间原则上每5年不少于6个月,或每2年不少于2个月;新入职专业教师不具备3年以上企业工作经历的,前3年必须赴企业集中实践锻炼半年以上"等要求,对接湖南省装备制造业的发展趋势和岗位规格要求,建立和健全高职高专院校自动化类(电气自动化技术、机电一体化技术、工业机器人技术)专业教师企业实践培训的长效机制,构建"省-市-校"三级教师企业实践培训体系,科学合理规划岗位实践培训内容及考核方式,有效组织培训实施,提升自动化类(电气自动化技术、机电一体化技术、工业机器人技术)专业教师的双师素质,促进教法改革。

随着湖南长株潭衡"中国制造2025"试点示范城市群建设快速推进和"三高四新"战略实施,湖南装备制造产业正加速向智能化、服务化转型,湖南省人民政府印发《湖南省贯彻〈中国制造2025〉建设制造强省五年行动计划(2016—2020年)》和日前公布的湖南省"十四五"规划纲要都明确提出,以高档数控机床、工业机器人、增材制造装备、新型传感器、智能仪表等为重点突破方向,加快推动新一代信息技术与装备制造技术的融合发展,从而促进产业的转型升级。伴随着产业的快速发展,技术技能人才需求整体持续增长,据统计,湖南省装备制造业自动化类(电气自动化技术、机电一体化技术、工业机器人技术)专业技术技能人才年需求达3万多人,人才缺口已经成为急需突破的产业发展瓶颈。湖南装备制造产业高质量发展,需要高职高专院校培养大量自动化类(电气自动化技术、机电一体化技术、工业机器人技术)专业的复合型技术技能人才,为产业转型升级提供技能人才支撑。

通过对湖南装备制造业中联重科、蓝思科技等40余家大中型企业调研发现,随着人工智能、工业4.0等新技术的应用,自动化类(电气自动化技术、机电一体化技术、工业机器人技术)专业毕业生面向岗位群工作领域均涵盖了智能产线与工业 4.0 等内容,电气自动化技术专业毕业生面向岗位群的主要工作领域为自动化设备电气系统装调、自动化设备运行与调试、自动化设备维护与维修、自动化设备功能调整及优化等;工业机器人技术专业毕业生面向岗位群的主要工作领域为工业机器人操作与示教编程、工业机器人典型应用编程、工业机器人系统集成、工业机器人维护与保养等;机电一体化技术专业毕业生面向岗位群的主要工作领域为机电设备的安装与调试、机电设备维修与维护、机电设备功能调整与优化等。如图 1-1 所示为岗位核心能力培训内容。

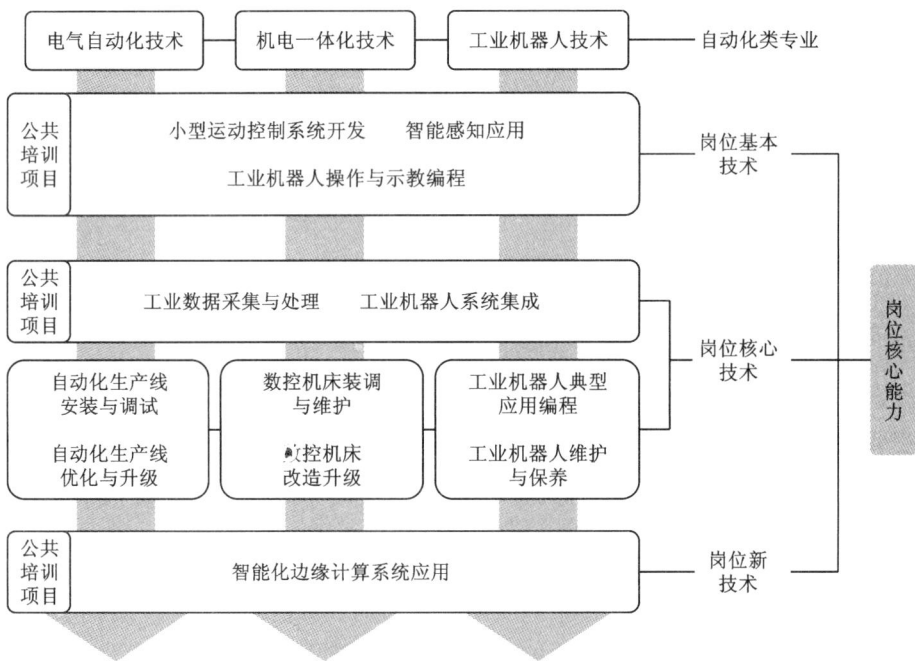

图 1-1 岗位核心能力培训内容

调研结果显示,将高职高专自动化类(电气自动化技术、机电一体化技术、工业机器人技术)专业所面向的岗位群所需职业能力进行归纳梳理,行业企业对电气自动化技术、机电一体化技术、工业机器人技术等专业所具备的职业能力有相应的共性需求,在具备较高职业素养的同时,均要求掌握电工电子电路分析、继电器控制系统装调、工业机器人操作编程等岗位职业技能。通过对高职高专自动化类(电气自动化技术、机电一体化技术、工业机器人技术)专业教师调研分析,组织专家研讨,选取了小型运动控制系统开发、智能感知应用、工业机器人操作与示教编程、工业数据采集与处理、工业机器人系统集成、智能化边缘计算系统应用等作为高职高专自动化类(电气自动化技术、机电一体化技术、工业机器人技术)专业教师企业实践能力模型中专业核心能力模块的公共培训项目。

根据行业、企业对各专业岗位核心技能需求重要度和高职高专自动化类(电气自动化技术、机电一体化技术、工业机器人技术)专业教师调研分析,组织专家研讨,电气自动化技术专业选取自动化生产线安装与调试、优化与升级等项目,机电一体化技术专业选取数控机床装调与维护、改造升级等项目,工业机器人技术专业选取了工业机器人典型应用编程、工业机器人维护与保养等项目,作为高职高专自动化类(电气自动化技术、机电一体化技术、工业机器人技术)专业教师企业实践能力模型中专业核心能力模块的专业方向培训项目。

二、编制依据

(1)中共中央国务院《关于全面深化新时代教师队伍建设改革的意见》。

(2)中共中央办公厅国务院办公厅印发《关于分类推进人才评价机制改革的指导意见》的通知(中办发〔2018〕6 号)。

(3)《国家职业教育改革实施方案》(国发〔2019〕4 号)。

(4)教育部等四部门关于印发《深化新时代职业教育"双师型"教师队伍建设改革实施方案》的通知(教师〔2019〕6 号)。

(5)中共中央办公厅、国务院办公厅印发了《关于分类推进人才评价机制改革的指导意见》。

(6)教育部等七部门发布《职业院校教师企业实践规定》。

(7)国家市场监督管理总局、中国国家标准化管理委员会发布《智能制造对象标识要求》(GB/T 37695—2019)。

(8)工业互联网产业联盟发布《工业互联网导则设备智能化》(AII/004—2017)。

(9)全国通信标准化技术委员会发布国家标准计划《工业互联网总体网络架构》(20170053-T-339)。

(10)中华人民共和国国家质量监督检验检疫总局、中国国家标准化管理委员会发布《工业环境用机器人 安全要求 第 1 部分：机器人》(GB 11291.1—2011)。

(11)中华人民共和国国家质量监督检验检疫总局、中国国家标准化管理委员会发布《机器人与机器人装备 工业机器人的安全要求 第 2 部分：机器人系统与集成》(GB11291.2—2013)。

(12)中华人民共和国国家质量监督检验检疫总局、中国国家标准化管理委员会发布《机器人与机器人装备词汇》(GB/T 12643—2013)。

(13)中华人民共和国国家质量监督检验检疫总局、中国国家标准化管理委员会发布《工业机器人通用技术条件》(GB/T 14284—1993)。

(14)中华人民共和国国家质量监督检验检疫总局、中国国家标准化管理委员会发布《工业机器人性能规范及其试验方法》(GB/T 12642—2013)。

(15)中华人民共和国国家质量监督检验检疫总局、中国国家标准化管理委员会发布《工业机器人用户编程指令》（GB/T 29824—2013）。

（16）中华人民共和国国家质量监督检验检疫总局、中国国家标准化管理委员会发布《工业机器人 性能试验实施规范》（GB/T 20868—2007）。

（17）中华人民共和国国家质量监督检验检疫总局、中国国家标准化管理委员会发布《工业机器人安全实施规范》（GB/T 20867—2007）。

（18）中华人民共和国国家质量监督检验检疫总局、中国国家标准化管理委员会发布《控制电机基本技术要求》（GB/T 7345—2008）。

（19）中华人民共和国国家质量监督检验检疫总局、中国国家标准化管理委员会发布《工业机器人 坐标系和运动命名原则》（GB/T 16977—2005）。

（20）中华人民共和国国家质量监督检验检疫总局、中国国家标准化管理委员会发布《工业机器人 抓握型夹持器物体搬运 词汇和特性表示》（GB/T 19400—2003）。

（21）中华人民共和国国家质量监督检验检疫总局、中国国家标准化管理委员会发布《机械安全控制系统安全相关部件》（GB/T 16855.1—2018）。

（22）中华人民共和国国家质量监督检验检疫总局、中国国家标准化管理委员会发布《控制电气设备的操作件标准运动方向》（GB/T 4205—1984）。

（23）中华人民共和国国家质量监督检验检疫总局、中国国家标准化管理委员会发布《机械电气安全机械电气设备》（GB/T 5226.1—2008）。

（24）中华人民共和国国家质量监督检验检疫总局、中国国家标准化管理委员会发布《人机界面、标志标识的基本和安全规则、操作规则》（GB/T 4205—2010）。

（25）中华人民共和国国家质量监督检验检疫总局、中国国家标准化管理委员会发布《托盘共用系统电子标签（RFID）应用规范》（GB/T 35412—2017）。

（26）中华人民共和国国家质量监督检验检疫总局、中国国家标准化管理委员会发布《工业自动化系统与集成 制造执行系统功能体系结构》（GB/T 25485—2010）。

（27）中华人民共和国工业和信息化部发布《制造执行系统（MES）规范 第1部分：模型和术语》（SJ/T 11666.1—2016）。

（28）中华人民共和国工业和信息化部发布《制造执行系统（MES）规范 第3部分：功能构件》（SJ/T 11666.3—2016）。

（29）中华人民共和国工业和信息化部发布《制造执行系统（MES）规范第4部分：接口与信息交换》（SJ/T 11666.4—2016）。

（30）中华人民共和国工业和信息化部发布《制造执行系统（MES）规范 第9部分：机械加工行业制造》（SJ/T 11666.9—2016）。

（31）中华人民共和国国家质量监督检验检疫总局、中国国家标准化管理委员会发布《信息技术 词汇 第 28 部分：人工智能 基本概念与专家系》（GB/T 5271.28—2001）。

（32）中华人民共和国国家质量监督检验检疫总局、中国国家标准化管理委员会发布《信息技术 大数据 术语》（GB/T 35295—2017）。

（33）中华人民共和国国家质量监督检验检疫总局、中国国家标准化管理委员会发布《信息技术 中间件术语》（GB/T 33847—2017）。

（34）中华人民共和国国家质量监督检验检疫总局、中国国家标准化管理委员会发布《可编程序控制器 第 1 部分：通用信息》（GB/T 15969.1—2007）。

（35）中华人民共和国国家质量监督检验检疫总局、中国国家标准化管理委员会发布《可编程序控制器 第 2 部分：设备要求和测试》（GB/T 15969.2—2008）。

（36）中华人民共和国国家质量监督检验检疫总局、中国国家标准化管理委员会发布《可编程序控制器 第 3 部分：编程语言》（GB/T 15969.3—2017）。

（37）中华人民共和国国家质量监督检验检疫总局、中国国家标准化管理委员会发布《可编程序控制器 第 5 部分：通信》（GB/T15969.5—2002）。

（38）中华人民共和国国家质量监督检验检疫总局、中国国家标准化管理委员会发布《信息技术 工业云服务 能力通用要求》（GB/T 37724—2019）。

（39）中华人民共和国国家质量监督检验检疫总局、中国国家标准化管理委员会发布《数控机床可靠性评定》（GB/T 23567—2018）。

（40）中华人民共和国国家质量监督检验检疫总局、中国国家标准化管理委员会发布《机床检验通则》（GB/T 17421—2015）。

（41）International Electrotechnical Commission（IEC）国际电工委员会发布 IEC 60204：2016 Safety of machinery - Electrical equipment of machines 机械电气安全 机械电气设备。

（42）International Electrotechnical Commission（IEC）国际电工委员会发布 IEC 61000-6-2：2016 Electromagnetic compatibility（EMC）电磁兼容（EMC）。

（43）International Electrotechnical Commission（IEC）国际电工委员会发布 IEC 61508：2010 Functional safety of electrical electronic programmable electronic safety-related systems 电气/电子/可编程电子安全系统的功能安全。

（44）Institute of Electrical and Electronics Engineers（IEEE）电气和电子工程师协会发布 IEEE 802.3—2018 Ethernet 以太网。

（45）AMERICAN NATIONAL STANDARDS INSTITUTE（ANSI）美国国家标准学会发布 ANSI/UL 1740—2018 Standard for Safety Robots and Robotic

Equipment 机器人和自动化设备的安全标准。

（46）AMERICAN NATIONAL STANDARDS INSTITUTE（ANSI）美国国家标准学会发布 ANSI/RIA R15. 06—2012 工业用机器人和机器人系统. 安全性要求。

（47）Standards Policy and Strategy Committee 英国标准政策与战略委员会发布 BS EN ISO 10218-2—2011 Robots and robotic devices. Safety requirements for industrial robots. Robot systems and integration 机器人和机器人设备. 工业机器人的安全要求. 机器人系统和集成。

▶ 三、适用专业与培训对象

（一）适用专业

本培训与考核指南适用于湖南省高职高专学校开设的自动化类（电气自动化技术、机电一体化技术、工业机器人技术）专业。

（二）培训对象

高职高专学校在岗的自动化类（电气自动化技术、机电一体化技术、工业机器人技术）专业教师；具有与以上专业对口的本科及以上学历，或有任教相关专业一年以上的教学经历的教师。

四、培训目标与培训内容

（一）培训目标

高职高专院校自动化类（电气自动化技术、机电一体化技术、工业机器人技术）专业教师通过定期到装备制造先进企业实践，了解装备制造先进企业文化、工艺流程、安全管理、岗位规范，跟踪产业发展趋势和人工智能等新一代信息技术的应用；掌握工业网络应用技术、工业机器人应用技术等专业知识；具备典型设备安装调试、维护维修、优化升级等职业技能；提升教师教学实践能力、技术服务能力和收集开发教学资源的能力，促进教师双师素质的形成，推动专业建设与发展。

（二）培训内容

自动化类（工业机器人技术、电气自动化技术、机电一体化技术）专业教师企业实践的主要内容：装备制造行业先进企业的生产管理、企业文化、职业规范、行业企业发展趋势；装备制造行业先进企业典型机电设备装调与维护维修、工业机器人编程调试与系统集成、设备功能调整与优化等工作领域操作规范、技能要求；智能化边缘计算系统等新技术、新工艺、新标准应用；非标自动化设备的设计与应用、收集与开发教学资源等技术、技能。具体见表6-1自动化类（电气自动化技术、机电一体化技术、工业机器人技术）专业教师企业实践培训任务一览表。

五、企业实践能力要求

本《指南》所指的教师企业实践能力是指教师通过行业企业实践培训能够获得的与教学相关的工业机器人系统集成等方面实践能力和职业素养，以及典型工作任务分析、工作任务转化为教学内容、教学资源收集开发等专业教学能力。主要包括两个方面，一是获得完成职业岗位典型工作任务的胜任力（表5-1~表5-3），二是获得相应的专业教学能力（表5-4）。

表5-1 电气自动化技术专业教师企业实践能力分析表

工作领域	工作任务	行业实践能力描述
1.自动化设备电气系统装调	1-1 电气装调准备	1-1-1 能根据工作任务准备电气装调相关的技术资料
		1-1-2 能根据工作任务要求完成设备的电气装调与维修
		1-1-3 能在工作过程中灵活运用电气控制基础知识
		1-1-4 能够根据电气装配工艺要求准备各类工具、仪表
		1-1-5 能够正确保养和管理工具、仪表
	1-2 电气系统装调	1-2-1 能看懂电气原理图，熟悉常用电气元件
		1-2-2 具备电工基础操作能力（线材、元器件选择及安装、工具选用）
		1-2-3 能根据电气原理图、电气接线图连接电器柜的配电盘线路
		1-2-4 能完成通电前短路检测、接地电阻值检测
		1-2-5 能根据调试手册要求，检查设备的各种控制功能

续表5-1

工作领域	工作任务	行业实践能力描述
2.自动化设备运行与调试	2-1 设备运行	2-1-1 能遵循设备安全操作规程,能识别常用安全颜色、禁止标志、警告标志、安全标志
		2-1-2 能做到上电前检查设备进线的外部电压、电气容量、接地等是否符合要求
		2-1-3 能熟练分析设备功能与生产工艺要求
		2-1-4 能使用系统操作面板对系统进行启动、停止、解除报警、紧急停止等操作
		2-1-5 能在手动和自动模式下操作设备
		2-1-6 能使用计算机或其他存储工具完成系统数据的存储
		2-1-7 能根据安全生产要求填写系统运行记录
	2-2 功能调试	2-2-1 能完成系统通电前的安全监测
		2-2-2 能测试传感器的信号
		2-2-3 能根据技术文件要求设置 PLC、伺服装置、步进装置、变频装置、人机交互装置、工业机器人等设备的参数
		2-2-4 能通过通信接口将 PLC 程序、机器人参数等传入控制器
		2-2-5 能使用视觉图像软件调试相机参数
		2-2-6 能熟练分析现场电磁、辐射等对本设备的影响程度
3.自动化设备维护与维修	3-1 设备维护	3-1-1 能分析设备的维护保养周期及对设备运行的影响
		3-1-2 能熟练运用维修专用工具
		3-1-3 能对设备、外部线缆、气管进行除尘清洁和整理
		3-1-4 能对系统作业环境进行清洁
		3-1-5 能根据安全生产要求填写系统维护保养记录

续表5-1

工作领域	工作任务	行业实践能力描述
3. 自动化设备维护与维修	3-2 设备维修	3-2-1 具有专业维护维修技能或相应的资质授权
		3-2-2 能熟练运用维修专用工具
		3-2-3 能够读懂设备电气控制原理图,并通过操作设备判断故障范围,分析故障节点
		3-2-4 能通过 PLC、数控系统、机器人控制器等上位机找到故障节点
		3-2-5 能够分析电气故障原因并解决问题
		3-2-6 能排除故障,重新调试设备至正常运行
4. 自动化设备功能调整及优化	4-1 设备功能调整	4-1-1 能熟练分析设备功能与生产工艺要求
		4-1-2 能够通过参数调整、PLC 程序诊断功能进行系统的工艺改进,降低产品不良率
		4-1-3 能够根据步进、伺服、视觉等器件的运行数据,通过参数调整完成设备振动的抑制、增益的优化、加工精度的优化调整
		4-1-4 能够改进工业机器人的控制程序,提升设备运行效率
	4-2 设备升级改造	4-2-1 能根据生产工艺改进或设备安全防护的要求提出设备改造方案
		4-2-2 能设计系统电气原理图
		4-2-3 能编写系统控制程序
		4-2-4 能完成系统的软硬件改造及运行调试
		4-2-5 能修订设备说明书等工艺文件
5. 智能产线与工业4.0	5-1 边缘计算系统应用	5-1-1 能搭建、调试生产现场边缘计算系统,赋能传统产线
		5-1-2 能利用边缘计算系统进行产线生产数据处理加工
		5-1-3 能使用边缘计算系统进行生产设备智能管理和产线优化调整

续表5-1

工作领域	工作任务	行业实践能力描述
5.智能产线与工业4.0	5-2 工业网络与工业云平台应用	5-2-1 能根据生产现场要求组建工业网络实现生产设备联网通信和数据上云传输
		5-2-2 能利用 MES 系统采集、整理生产数据
		5-2-3 能使用工业云平台远程收集、存储生产现场 MES 系统数据和设备运行状态数据
		5-2-4 能基于工业云平台进行快速开发,对生产现场边缘计算系统进行远程控制和配置
	5-3 人工智能技术应用	5-3-1 能基于人工智能模型修改、调整,实现设备运行状态实时分析、自动报告异常状态、预测运行风险
		5-3-2 能利用人工智能进行产线生产大数据分析
		5-3-3 能利用人工智能进行产线生产流程优化方案和参数,并导入生产现场边缘计算系统实现动态升级

表 5-2　工业机器人技术专业教师企业实践能力分析表

工作领域	工作任务	行业实践能力描述
1.工业机器人操作与示教编程	1-1 工业机器人安全保护	1-1-1 能识读工作单元系统操作手册
		1-1-2 能正确穿戴工业机器人安全作业服与装备,遵守通用安全规范实施工业机器人作业
		1-1-3 能识读工业机器人安全标识,识别工业机器人安全风险
		1-1-4 能根据工业机器人潜在危险采取避免措施
		1-1-5 能识别工业机器人本体安全姿态、工业机器人示教操作的安全状态
		1-1-6 能查看工业机器人信息提示和事件日志

续表5-2

工作领域	工作任务	行业实践能力描述
1. 工业机器人操作与示教编程	1-2 工业机器人的操作	1-2-1 能根据工作任务要求，进行工业机器人程序、配置文件等导入和导出
		1-2-2 能够根据工作任务要求，选择和使用手爪、吸盘、焊枪等末端操作器
		1-2-3 能根据安全规程，运行工业机器人程序，安全操作工业机器人，及时判断外部危险情况，操作紧急停止按钮等安全装置
		1-2-4 能根据用户要求，对工业机器人系统程序、参数等数据进行备份和恢复
		1-2-5 能根据运行结果对位置、姿态、速度等工业机器人程序参数进行调整
	1-3 工业机器人简单动作的编程	1-3-1 能根据工作任务要求，创建和标定工具坐标和用户坐标，根据需要选择和调用机器人坐标系
		1-3-2 能创建程序，对程序进行复制、粘贴、重命名等编辑操作
		1-3-3 能根据工作任务要求，使用工业机器人运动指令进行基础编程
		1-3-4 能根据工作任务要求，设置机器人 I/O 参数，编制程序
2. 工业机器人典型应用编程	2-1 工业机器人高级编程	2-1-1 能根据工作任务要求，使用高级功能调整程序位置
		2-1-2 能根据工作任务要求，进行中断、触发程序的编制
		2-1-3 能根据工作任务要求，使用平移、旋转等方式完成程序变换
		2-1-4 能根据工作任务要求，使用多任务方式编写机器人程序
		2-1-5 能根据工作任务要求，配置外部轴参数，创建和标定工业机器人本体与外部轴的坐标系，进行编程

续表5-2

工作领域	工作任务	行业实践能力描述
2.工业机器人典型应用编程	2-2 工业机器人系统外部设备通信与编程	2-2-1 能根据工作任务要求，编制工业机器人与 PLC 外部控制系统的应用程序
		2-2-2 能根据工作任务要求，编制工业机器人与机器视觉等智能传感器的应用程序
		2-2-3 能根据产品定制及追溯要求，编制 RFID 的应用程序
		2-2-4 能根据工作任务要求，编制工业机器人单元人机界面的程序
		2-2-5 能根据工作任务要求，配置系统各单元间的联锁信号，编制联动程序
	2-3 机器人仿真	2-3-1 能根据工作任务要求，进行模型创建和导入
		2-3-2 能根据工作任务要求，在虚拟仿真软件中构建工业机器人系统，并进行虚拟调试参数配置
		2-3-3 能根据生产工艺及现场要求，实现仿真编程验证、优化工业机器人系统及工艺流程
		2-3-4 能根据工作任务要求，对工业机器人系统进行虚拟调试并进行验证
	2-4 工业机器人典型单元应用	2-4-1 能根据工作任务要求，进行搬运码垛、焊接、喷涂等典型应用的工艺分析
		2-4-2 能根据工作任务要求，进行工业机器人运行轨迹规划与工艺参数的优化
		2-4-3 能根据工作任务要求，对搬运码垛、焊接、喷涂等典型应用场景的工具、工装夹具及周边配套设备进行安装和精度调整
		2-4-4 能对典型应用场景进行优化工业机器人的作业位姿、运动轨迹优化、节拍调整、工艺参数调优

续表5-2

工作领域	工作任务	行业实践能力描述
3.工业机器人系统集成	3-1 工业机器人系统集成设计与仿真	3-1-1 能根据工业机器人的技术参数，结合集成应用的场景，撰写工作站设计方案
		3-1-2 能根据工业机器人系统设计方案，使用离线编程软件，搭建虚拟工作站
		3-1-3 能进行三维模型导入与定位
		3-1-4 能按照工业机器人系统应用要求，计算真实工业机器人系统的工具坐标系数据，进行工业机器人运动轨迹的模拟编程，避免工业机器人在运动过程中的奇异点或设备碰撞等问题
		3-1-5 能绘制工业机器人系统的机械装配图、气动原理图、电气原理图
	3-2 工业机器人系统的装配	3-2-1 能根据装配工艺要求，选用经济有效的安装工具，进行工业机器人本体和控制柜的安装和精度调整
		3-2-2 能根据机械图纸和工艺要求，选用经济有效的安装工具，进行工业机器人周边应用系统的安装
		3-2-3 能根据电气图纸的要求，结合标准装配流程，进行工作站的电气安装
	3-3 机器人系统集成程序开发	3-3-1 能根据工业机器人系统集成通信配置要求，创建和关联合适的工业机器人数字信号和模拟信号
		3-3-2 能根据机器人系统的功能需求，编制和调整周边配套设备，调整机器人的作业位姿、运动轨迹、工艺参数等运行程序
		3-3-3 能利用机器人报警功能进行机器人工作站或系统的调整
		3-3-4 能根据工作应用的功能要求，配置和调试上位机、PLC、视觉系统等控制设备的功能程序和通信程序
		3-3-5 能按照工作单元的应用要求，进行系统集成的整体联调与优化
	3-4 工业机器人系统集成文件编制	3-4-1 能根据方案说明书编制工业机器人系统操作手册
		3-4-2 能根据方案说明书编制工业机器人系统维护保养手册

续表5-2

工作领域	工作任务	行业实践能力描述
4. 工业机器人维护与保养	4-1 工业机器人系统维护	4-1-1 能根据操作手册的要求，结合系统的运行状态，识别并排除报警故障
		4-1-2 能根据操作手册的要求，进行工作站系统数据的定期备份
		4-1-3 能在工作站发生异常的情况下进行紧急制动、复位等处理操作
		4-1-4 能根据维护手册的要求，进行工作站程序备份恢复和工作位置误差校准
		4-1-5 能正确填写工业机器人系统维修记录
	4-2 工业机器人系统运行保养	4-2-1 能根据工作站维护保养手册，进行外观日常保养，对工业机器人本体、周边设备和末端执行器进行安装位置、紧固状态、噪音、振动、漏油和渗油等机械状态的安装检查
		4-2-2 能根据工作站维护保养手册，进行润滑油检测和更换等定期保养
		4-2-3 能正确填写工业机器人系统检测保养记录
5. 智能产线与工业 4.0	5-1 边缘计算系统应用	5-1-1 能搭建、调试生产现场边缘计算系统，赋能传统产线
		5-1-2 能利用边缘计算系统进行产线生产数据处理加工
		5-1-3 能使用边缘计算系统进行生产设备智能管理和产线优化调整
	5-2 工业网络与工业云平台应用	5-2-1 能根据生产现场要求组建工业网络，实现生产设备联网通信和上云传输
		5-2-2 能利用 MES 系统采集、整理生产数据
		5-2-3 能使用工业云平台远程收集、存储生产现场 MES 系统数据和设备运行状态数据
		5-2-4 能基于工业云平台进行快速开发，对生产现场边缘计算系统进行远程控制和配置
	5-3 人工智能技术应用	5-3-1 能基于人工智能模型修改、调整，实现设备运行状态实时分析、自动报告异常状态、预测运行风险
		5-3-2 能利用人工智能进行产线生产大数据分析
		5-3-3 能利用人工智能进行产线生产流程优化方案和参数，并导入生产现场边缘计算系统实现动态升级

表 5-3　机电一体化技术专业教师企业实践能力分析表

工作领域	工作任务	行业实践能力描述
1. 机电设备的安装与调试	1-1 机械设备安装与调试	1-1-1 能正确识读机械装配图纸，准备相关安装工具和检测仪器
		1-1-2 能够根据现场安装条件，正确使用安装工具器材和仪器，按工艺文件，对机械设备进行有序安装
		1-1-3 能够根据技术文件，正确使用仪器仪表，检测平整度和尺寸偏差
		1-1-4 能正确使用仪器仪表，对安装不到位的机械部分进行拆卸和重新安装
		1-1-5 能检查设备外观是否有损伤，拆除固定物并清理现场
		1-1-6 能根据技术文件要求，对机械部分进行调校
	1-2 电气设备安装与调试	1-2-1 能正确识读电气原理图、接线图，根据图、物对应关系，规划电气线路现场布局
		1-2-2 能按照电气装配技术文件要求进行电气设备的配电板、变压器、控制装置、电源等部件的安装和动力线路连接
		1-2-3 能根据 PLC、数控系统总线等信号、线号表和工艺要求，进行正确接线
		1-2-4 能根据电气控制线路基本原理，利用仪器仪表对电气线路进行通电前检测
		1-2-5 能正确使用仪器仪表，检测电气设备动作是否正常，对安装不到位的电气设备进行拆卸和调整
	1-3 其他装置安装与调试	1-3-1 能看懂设备液压、气动原理图、安全防护装置等辅助装置图
		1-3-2 能按照安装图正确安装或拆除液压、气动和安全防护装置等
		1-3-3 能按照液压、气动原理图，调试液压、气动装置
		1-3-4 能调试机电设备的防护、检测、润滑等辅助装置
	1-4 机电设备联调	1-4-1 能在联调前检查外部电压、电气容量、接地等外部条件是否符合要求
		1-4-2 能根据 PLC、自动控制等原理，读懂一般程序逻辑图和识别码
		1-4-3 能根据设备调试手册，对机电设备进行联调

续表5-3

工作领域	工作任务	行业实践能力描述
2.机电设备维修与维护	2-1机械维修与维护	2-1-1 能根据机械设备装配图、使用手册等技术文件,分析机械部件之间的装配关系及动作特性
		2-1-2 能根据故障现象,分析故障原因和故障范围,制定维修方案
		2-1-3 能根据维修方案,准备相关工具、检测仪器和配件
		2-1-4 能熟练运用机械维修工具设备,正确替换、整修机电设备机械部件
		2-1-5 能根据机电设备的机械维护保养手册,对设备进行保养
	2-2电气维修与维护	2-2-1 能正确分析常见机电设备的工作过程和功能特性
		2-2-2 能根据故障现象,分析故障原因和故障范围,制定维修方案
		2-2-3 能根据维修方案,准备相关工具、检测仪器和配件
		2-2-4 能熟练运用维修工具和设备,对电气控制线路维护修理和电气元件检查更换
		2-2-5 能根据机电设备的维护保养手册,对电气设备进行保养
	2-3其他装置维修与维护	2-3-1 能根据设备故障现象,对液压、气动、保护等装置进行故障分析
		2-3-2 能排除液压、气动、保护等装置故障,重新调试设备
		2-3-3 能按照规范要求,进行气路、液路清洁与整理

续表5-3

工作领域	工作任务	行业实践能力描述
3.机电设备功能调整与优化	3-1 设备功能调整	3-1-1 能根据调整要求和生产工艺要求,分析机电设备功能,选择参数调整、PLC 程序诊断功能等合适的手段,制定调整方案
		3-1-2 能根据调整方案,对设备进行优化调整
		3-1-3 能根据调整要求和生产工艺要求,对设备进行功能检测
	3-2 设备升级改造	3-2-1 能根据生产工艺改进和设备安全防护的要求,提出设备改造方案
		3-2-2 能依托采集设备运行的数据,完成系统的软硬件改造及运行调试
		3-2-3 能修订设备说明书等工艺文件
4.智能产线与工业4.0	4-1 边缘计算系统应用	4-1-1 能搭建、调试生产现场边缘计算系统,赋能传统产线
		4-1-2 能利用边缘计算系统进行产线生产数据处理加工
		4-1-3 能使用边缘计算系统进行生产设备智能管理和产线优化调整
	4-2 工业网络与工业云平台应用	4-2-1 能根据生产现场要求组建工业网络实现生产设备联网通信和数据上云传输
		4-2-2 能利用 MES 系统采集、整理生产数据
		4-2-3 能使用工业云平台远程收集、存储生产现场 MES 系统数据和设备运行状态数据
		4-2-4 能基于工业云平台进行快速开发,对生产现场边缘计算系统进行远程控制和配置
	4-3 人工智能技术应用	4-3-1 能基于人工智能模型修改、调整,实现设备运行状态实时分析、自动报告异常状态、预测运行风险
		4-3-2 能利用人工智能进行产线生产大数据分析
		4-3-3 能利用人工智能进行产线生产流程优化方案和参数,并导入生产现场边缘计算系统实现动态升级

表 5-4　自动化类专业教师专业教学能力分析表

工作领域	工作任务	专业教学能力描述
1.典型工作任务分析	1-1 岗位分析	1-1-1 能制定调研方案,实施自动化类(电气自动化技术、机电一体化技术、工业机器人技术)专业就业岗位调研
		1-1-2 能对调研资料进行整理和分析,书写调研报告
	1-2 典型工作任务分析	1-2-1 能组织或参与自动化类(电气自动化技术、机电一体化技术、工业机器人技术)专业岗位能力需求分析
		1-2-2 能组织或参与自动化类(电气自动化技术、机电一体化技术、工业机器人技术)专业实践专家访谈会
		1-2-3 能组织或参与自动化类(电气自动化技术、机电一体化技术、工业机器人技术)专业典型工作任务分析
2.工作任务转化为教学内容	2-1 将工作任务融入标准	2-1-1 能根据调研结果和岗位能力需求分析情况优化自动化类(电气自动化技术、机电一体化技术、工业机器人技术)专业或任教课程培养目标
		2-1-2 能根据典型工作任务分析结果和职业成长规律,融入"工业机器人应用编程"等职业技能等级标准("X"证书),优化自动化类(电气自动化技术、机电一体化技术、工业机器人技术)专业模块化课程体系或任教课程内容结构
		2-1-3 能根据自动化类(电气自动化技术、机电一体化技术、工业机器人技术)专业领域职业能力标准要求,融入"工业机器人应用编程"等职业技能等级标准("X"证书),优化课程标准、技能考核标准和实践教学内容
	2-2 将标准落实于教学中	2-2-1 能根据课程标准,设计和优化教学项目、教学案例、教学实施方案、教学设计、评价标准等
		2-2-2 能根据课程标准要求开发新形态教材
		2-2-3 能根据实践性教学要求指导学生顶岗实习和毕业设计

续表5-4

工作领域	工作任务	专业教学能力描述
3.教学资源收集与开发	3-1 收集整理企业资源	3-1-1 能根据课程教学需要,搜集自动化类(电气自动化技术、机电一体化技术、工业机器人技术)专业领域新技术、新产品、案例、标准等资料
		3-1-2 能根据生产流程、评价标准等,优化相关实践教学流程和评价要求
	3-2 开发教学资源	3-2-1 能基于自动化类(电气自动化技术、机电一体化技术、工业机器人技术)专业领域岗位工作实际案例开发教学案例
		3-2-2 能基于自动化类(电气自动化技术、机电一体化技术、工业机器人技术)专业领域岗位工作要求开发满足教学需要的信息化、数字化教学资源
4.教学能力培训	4-1 优化教学设计	能够基于自动化类(电气自动化技术、机电一体化技术、工业机器人技术)专业领域工作岗位胜任力要求,遵循学生认知规律,体现先进教育思想和教学理念,优化教学内容、教学过程、教学评价等设计,规范书写教案
	4-2 组织课堂教学	能够按照教学设计实施教学,关注技术技能教学重点、难点的解决,针对学习和实践反馈及时调整教学,突出学生中心,强调知行合一,实行因材施教;针对不同生源特点,体现灵活的教学组织形式;教学环境满足需求,教学活动安全有序,教学互动深入有效,教学气氛生动活泼
	4-3 实施教学评价	能够关注教与学全过程的信息采集,针对目标要求开展教学与实践的考核与评价;合理运用云计算、大数据、物联网、虚拟仿真、增强现实、人工智能、区块链等信息技术以及数字资源、信息化教学设施设备改造传统教学与实践方式、提高管理成效
	4-4 教学反思与诊改	能够从课堂教学实施的流畅度、教学目标达成度、学生的满意度与成长度等方面,深刻反思理论、实践教与学的成效与不足,提出教学设计与课堂实施的改进设想

六、培训任务与培训要求

(一)培训任务

自动化类(电气自动化技术、机电一体化技术、工业机器人技术)专业教师企业实践的培训内容共包括4个模块23个项目和110个任务,详细情况见表6-1。

在进行企业实践前,教师可根据自己任教的课程和本次实践的时间选择培训的项目和任务,"职业素养"模块的内容为每年必须培训内容,其余模块的任务在5年内完成一轮培训。

表6-1　自动化类(电气自动化技术、机电一体化技术、工业机器人技术)
教师企业实践培训任务一览表

培训模块	培训项目	培训任务	培训时量/天
1.职业素养	1-1 企业文化	1-1-1 企业历史与发展文化	2
		1-1-2 企业品牌文化	
		1-1-3 企业精神与理念	
		1-1-4 企业服务与管理	
	1-2 企业制度	1-2-1 企业员工守则	2
		1-2-2 企业管理制度	
		1-2-3 企业保密制度	
	1-3 岗位规范	1-3-1 岗位职责	2
		1-3-2 上岗条件	
		1-3-3 生产技术规程	
	1-4 政策法规	1-4-1 装备制造业政策解读	1
		1-4-2 装备制造业发展前景	
		小计	7

续表 6-1

培训模块	培训项目		培训任务	培训时量/天
2. 岗位核心能力	2-1 岗位基本技术（教师根据培训需求三选二）	2-1-1 小型运动控制系统开发	2-1-1-1 运动控制系统认知	14
			2-1-1-2 搅拌装置控制系统设计	
			2-1-1-3 分拣控制系统设计	
			2-1-1-4 物料搬运控制系统设计	
			2-1-1-5 直线运动控制系统设计	
			2-1-1-6 XY 运动平台设计	
		2-1-2 智能感知应用	2-1-2-1 视觉成像原理及基本图形处理	14
			2-1-2-2 工件图像的分割和特征提取	
			2-1-2-3 工件的视觉定位与尺寸测量	
			2-1-2-4 工件的视觉颜色检测与数量统计	
			2-1-2-5 基于视觉系统的流水线分拣系统设计	
		2-1-3 工业机器人操作与示教编程	2-1-3-1 工业机器人安全保护	14
			2-1-3-2 工业机器人基本配置	
			2-1-3-3 工业机器人轨迹规划	
			2-1-3-4 工业机器人程序编写	
			2-1-3-5 工业机器人目标点位示教	
			2-1-3-6 工业机器人程序调试	
	2-2 岗位核心技术	2-2-1 工业数据采集与处理	2-2-1-1 网络体系结构与工业网络基础认知	14
			2-2-1-2 PPI 网络构建与运行	
			2-2-1-3 PROFIBUS-DP 总线网络构建与运行	
			2-2-1-4 工业以太网络构建与运行	
			2-2-1-5 无线网络构建与运行	
			2-2-1-6 工业网络冗余通信	
			2-2-1-7 虚拟网络 VLAN 的构建	
			2-2-1-8 本地路由功能的实现	
			2-2-1-9 工业系统运行数据的云存储	
			2-2-1-10 可视化界面开发	
			2-2-1-11 生产过程数据远程收集与分析	

续表6-1

培训模块	培训项目		培训任务	培训时量/天
2. 岗位核心能力	2-2 岗位核心技术	2-2-2 自动化生产线安装与调试（电气自动化技术专业方向）	2-2-4-1 生产线构成及工作过程分析	14
			2-2-4-2 生产线电气控制系统分析及设计	
			2-2-4-3 电气系统的安装与调试	
			2-2-4-4 系统控制程序的编写与调试	
			2-2-4-5 系统的维护	
			2-2-4-6 系统维修	
		2-2-3 自动化生产线优化与升级（电气自动化技术专业方向）	2-2-3-1 不良原因分析	21
			2-2-3-2 系统参数优化	
			2-2-3-3 节拍生产	
			2-2-3-4 生产节拍调整	
			2-2-3-5 系统改造升级	
		2-2-4 数控机床装调与维护（机电一体化技术专业方向）	2-2-4-1 数控机床机械部件的装配	14
			2-2-4-2 数控机床电气系统的安装与调试	
			2-2-4-3 数控系统的参数配置与调试	
			2-2-4-4 数控系统 PLC 的编写和调试	
			2-2-4-5 数控机床的故障诊断与维修	
			2-2-4-6 数控机床的维护	
		2-2-5 数控机床改造升级（机电一体化技术专业方向）	2-2-5-1 数控机床改造方案制定	21
			2-2-5-2 数控机床升级改造中机械部分设计	
			2-2-5-3 数控系统 PLC 编写	
			2-2-5-4 数控机床功能拓展与开发	
			2-2-5-5 数控机床与工业机器人协作应用功能开发	
			2-2-5-6 数控机床数据采集与交互	
			2-2-5-7 数控机床功能调整与优化	
			2-2-5-8 数控机床精度检验和调整	

续表6-1

培训模块	培训项目	培训任务	培训时量/天
2.岗位核心能力	2-2 岗位核心技术	2-2-6 工业机器人典型应用编程（工业机器人技术专业方向）	
		2-2-6-1 工业机器人高级编程	21
		2-2-6-2 工业机器人外围设备的安装调试	
		2-2-6-3 工业机器人外围设备程序的设计与调试	
		2-2-6-4 工业机器人工作站的调试	
		2-2-6-5 工业机器人搬运码垛单元应用	
		2-2-6-6 工业机器人喷涂单元的应用	
		2-2-6-7 工业机器人焊接单元的应用	
		2-2-7 工业机器人维护与保养（工业机器人技术专业方向）	
		2-2-7-1 工业机器人报警排除	14
		2-2-7-2 工业机器人定期备份	
		2-2-7-3 工业机器人维修记录编写	
		2-2-7-4 工业机器人点检表编制	
		2-2-7-5 工业机器人日常保养	
		2-2-7-6 工业机器人安全检查	
		2-2-8 工业机器人系统集成	
		2-2-8-1 工业机器人系统的方案设计	35
		2-2-8-2 工业机器人系统的虚拟仿真	
		2-2-8-3 工业机器人系统的装配	
		2-2-8-4 工业机器人工作站及周边设备的编程	
		2-2-8-5 工业机器人系统调试与验证	
		2-2-8-6 工业机器人系统说明文件编制	
	2-3 岗位新技术	2-3-1 智能化边缘计算系统应用	
		2-3-1-1 边缘计算系统分析与搭建	14
		2-3-1-2 产线智能化改造与调试	
		2-3-1-3 人工智能模型分析与应用	
		2-3-1-4 人工智能与边缘计算系统联合应用	
小计			126

续表6-1

培训模块	培训项目	培训任务	培训时量/天
3. 专业教学能力	3-1 行业企业调研	3-1-1 制定行业企业调研方案	7
		3-1-2 组织与实施调研活动	
		3-1-3 分析调研资料	
		3-1-4 撰写调研报告	
	3-2 典型工作任务分析	3-2-1 制定实践专家访谈会方案	5
		3-2-2 组织实践专家访谈会	
		3-2-3 实践专家访谈会的总结	
	3-3 课程体系开发	3-3-1 构建基于工作过程导向的模块化课程体系	9
		3-3-2 制定核心课程标准	
		3-3-3 实践课程标准制订	
	3-4 教学资源开发	3-4-1 专业资源的归集与分类	7
		3-4-2 教学案例开发	
		3-4-3 教学资源设计与开发	
	3-5 教学能力训练	3-5-1 优化教学设计	7
		3-5-2 教学组织与实施	
		3-5-3 教学评价	
		3-5-4 教学反思与整改	
		小计	35
4. 专业发展能力	4-1 应用技术研究	4-1-1 非标设备研发项目需求分析和可行性研究	7
		4-1-2 非标设备设计与制作	
		4-1-3 非标设备材料整理与汇报	
	4-2 社会服务	4-2-1 非标设备的现场应用	5
		4-2-2 非标设备的推广使用	
		小计	12
		合计	180

(二)培训要求

1.模块一：职业素养

本模块主要包括企业文化、企业制度、岗位规范、行业政策方面的内容。

(1)项目1-1：企业文化。

企业文化的培训主要包括：企业文化与发展历史、企业品牌文化、企业精神与理念、企业服务与管理等内容，具体培训任务及要求见表6-2。

表6-2 企业文化项目培训任务及要求一览表

项目1-1：企业文化

任务描述：通过学习企业文化与发展历史、企业品牌文化、企业精神与理念、企业服务与管理等，帮助学员了解行业发展历史以及装备制造业文化、企业精神与生产理念、服务与管理，能够将企业先进文化内化于心、外化于行

培训时量：2天

培训任务	培训目标	训练内容	培训地点	培训形式	培训时量/天
企业文化与发展历史	能够了解企业发展历史和内涵文化	①企业发展历史；②企业内涵文化	企业	讲授讨论	0.5
企业品牌文化	了解企业主流品牌以及相应文化	①企业主流品牌；②品牌内涵文化	企业	讲授讨论	0.5
企业精神与理念	了解企业传承精神和创新理念	①企业传承精神；②企业创新理念	企业	讲授讨论	0.5
企业服务与管理	企业服务项目与企业生产管理	①企业服务项目；②企业生产管理	企业	讲授讨论	0.5

考核方式：项目综合考核

预期成果	考核评价要求
企业文化学习心得	心得要求逻辑结构清晰、行文通顺、排版规范，字数不少于2000字。根据学习、考察、调研内容，结合自身教学、工作实际情况，反思在以后的教学、工作中如何进一步融入装备制造业文化与先进制造业技术，传播制造业优秀价值观、质量观

（2）项目1-2：企业制度。

企业制度的培训主要包括：企业员工守则、企业管理制度、企业保密制度等内容，具体培训任务及要求见表6-3。

表6-3　企业制度项目培训任务及要求一览表

项目1-2：企业制度

任务描述：通过学习装备制造业企业员工守则、企业管理制度、企业保密制度等，帮助学员了解企业组织结构、岗位工作职责、管理制度、工作流程等

培训时量：2天

培训任务	培训目标	训练内容	培训地点	培训形式	培训时量/天
企业员工守则	了解企业员工守则	①企业员工守则；②装备制造业典型岗位职责。	企业	讲授讨论	1
企业管理制度	了解企业管理制度和工作流程。	①企业管理制度；②生产工作流程。	企业	讲授讨论	0.5
企业保密制度	掌握制造业企业保密制度。	①企业保密制度。	企业	讲授讨论	0.5

考核方式：项目综合考核

预期成果	考核评价要求
企业制度学习心得	心得要求逻辑结构清晰、行文通顺、排版规范，字数不少于2000字。根据考察和调研内容，总结企业制度学习体会，并结合自己的教学、科研工作实际情况，探索将企业制度化管理模式和保密理念融入日常教学、科研管理的方法和途径

（3）项目1-3：岗位规范。

岗位规范的培训主要包括：岗位职责、上岗条件、生产技术规程等内容，具体培训任务及要求见表6-4。

表 6-4　岗位规范项目培训任务及要求一览表

项目 1-3：岗位规范

任务描述：通过学习装备制造业企业典型岗位职责、上岗条件、生产技术规程等，帮助学员了解岗位规范、职责等。

培训时量：2 天

培训任务	培训目标	训练内容	培训地点	培训形式	培训时量/天
岗位职责	了解岗位应承担的生产任务和应负的责任	①承担的生产任务；②应负的责任；③应达到的标准	企业	讲授讨论	0.5
上岗条件	了解企业相关岗位上岗条件	①思想政治与职业道德；②专业知识；③身体条件	企业	讲授讨论	0.5
生产技术规程	了解制造业常规生产技术规程	①工作程序；②安全生产；③操作规范	企业	讲授讨论	1

考核方式：项目综合考核

预期成果	考核评价要求
岗位分析报告	报告要求逻辑结构清晰、行文通顺、排版规范，字数不少于 2000 字。根据装备制造业典型岗位规范，结合企业实际生产情况，选择自动化类专业面向岗位，从职位描述、薪资水平、岗位职责、发展趋势等方面出发，对岗位进行全面、深入的分析

（4）项目 1-4：政策法规。

政策法规的培训主要包括装备制造业政策解读、装备制造业发展前景等内容，具体培训任务及要求见表 6-5。

表6-5　政策法规项目培训任务及要求一览表

项目1-4：政策法规

任务描述：通过学习装备制造业政策法规和发展前景，帮助学员了解装备制造业发展现状及未来发展趋势

培训时量：1天

培训任务	培训目标	训练内容	培训地点	培训形式	培训时量/天
装备制造业政策解读	了解装备制造业相关法律法规和国家相关政策	①行业相关法律法规；②国家层面装备制造业相关政策解读	企业	讲授讨论	0.5
装备制造业发展前景	了解制装备造业国内外发展前景和趋势	①国内发展前景和趋势；②国外发展前景和趋势	企业	讲授讨论	0.5

考核方式：项目综合考核

预期成果	考核评价要求
政策法规学习心得	心得要求逻辑结构清晰、行文通顺、排版规范，字数不少于2000字。基于国家、区域装备制造业发展各项指标和数据，结合制造业政策法规知识，对我国制造业发展的现状和未来进行分析

2. 模块二：岗位核心能力

本模块主要包括岗位基本技术、岗位核心技术、岗位新技术三个方面的内容。

（1）项目2-1-1：小型运动控制系统开发（岗位基本技术）。

小型运动控制系统开发的培训主要包括：运动控制系统认知、搅拌装置控制系统设计、分拣控制系统设计、物料搬运控制系统设计、直线运动控制系统设计、XY运动平台设计等内容，具体培训任务及要求见表6-6。

表 6-6　小型运动控制系统开发培训任务及培训要求一览表

项目 2-1-1：小型运动控制系统开发

任务描述：通过完成小型运动控制系统开发，使学员掌握运动控制系统认知、搅拌装置控制系统设计、分拣控制系统设计、物料搬运控制系统设计、直线运动控制系统设计、XY运动平台设计等相关知识，具备驱动装置选型、开环与闭环控制系统设计、位置精准调节等能力

培训时量：14 天

培训任务	培训目标	训练内容	培训地点	培训形式	培训时量/天
运动控制系统认知	①能简单分析运动系统的功能；②能分析运动控制系统的组成结构；③熟悉常用运动控制算法	①运动控制技术的认识；②常用电机驱动控制技术的基本结构和应用场合；③运动控制器的选型；④常用运动控制算法的解析，如圆弧插补、直线插补、空间定位算法等	企业	操作示教小组讨论实践操作	2
搅拌装置控制系统设计	①能根据搅拌装置工艺要求，编制搅拌变频控制方案；②能正确设计、安装、调试搅拌装置的远程控制与就地控制；③能正确设置变频器参数，实现搅拌装置的曲线实时控制；④能正确完成系统控制程序，完成系统的功能调试并演示效果	①系统功能分析，撰写变频控制方案；②搅拌变频装置控制系统的设计、安装与调试；③控制程序设计；④PID 控制程序调试；⑤系统联调	企业	操作示教小组讨论实践操作	3

续表 6-6

培训任务	培训目标	训练内容	培训地点	培训形式	培训时量/天
分拣控制系统设计	①能根据分拣系统工艺要求，编制步进电机控制方案；②能正确设计、安装、调试材料分拣控制系统；③能正确选用步进电机和设置步进驱动参数；④能正确设计分拣控制系统控制程序，完成系统调试并演示效果	①系统功能分析；②电气原理图设计；③基于 PLC 高速脉冲输出的步进电机位置定位；④手动程序、单步程序、自动程序的设计；⑤分拣控制系统控制程序设计；⑥设备控制功能测试	企业	操作示教小组讨论实践操作	2
物料搬运控制系统设计	①能够根据物料搬运系统工艺要求，编制伺服电机控制方案；②能正确设计、安装、调试物料搬运控制系统；③能正确选用伺服系统和设置伺服驱动参数；④能正确设计物料搬运控制系统控制程序，完成系统调试并演示效果	①系统功能分析；②电气原理图设计；③基于伺服系统的高精度位置定位；④回原位程序、绝对定位与相对定位子程序的设计；⑤物料搬运控制系统的示教程序的设计与调试；⑥物料搬运控制系统控制程序设计；⑦设备控制功能测试	企业	操作示教小组讨论实践操作	2

续表6-6

培训任务	培训目标	训练内容	培训地点	培训形式	培训时量/天
直线运动控制系统设计	①能够根据加工系统的工艺要求，编制闭环控制方案；②能正确设计、安装、调试物料搬运控制系统；③能正确选用伺服系统和旋转编码器；④能正确完成直线运动控制系统控制程序，完成系统调试并演示效果	①系统功能分析；②直线运动控制系统的距离反馈测量方式选型；③高速脉冲的使用与量程计算；④基于伺服系统的高精度位置定位；⑤回原位程序、绝对定位与相对定位子程序的设计；⑥直线运动控制系统的设计与调试；⑦设备控制功能测试	企业	操作示教小组讨论实践操作	2
XY 运动平台设计	①能够根据 XY 运动系统工艺要求，编制多轴联动控制方案；②能够根据 XY 运动平台设计工艺要求，编制 XY 运动控制平台控制方案；③能正确设计、安装、调试 XY 运动平台控制系统；④正确选用伺服系统和设置伺服驱动参数；⑤能正确设计 XY 运动平台控制程序，完成系统调试并演示效果	①XY 坐标的运动系统分析与系统方案选型；②S120 伺服运动控制系统的使用调试；③手动程序的设计；④圆弧插补、直线插补算法的演练与使用；⑤自动控制程序设计；⑥设备控制功能测试	企业	操作示教小组讨论实践操作	3

续表 6-6

考核方式：项目综合考核	
预期成果	考核评价要求
小型运动控制系统	考核内容包括职业素养和作品质量两个部分。职业素养要求遵循安全操作规程，穿戴相关防护用品；工具、仪表、材料、作品摆放整齐，着装整齐、规范；考核不迟到，过程中不做与考试无关事宜，服从考场安排，考核完成后按照6S标准清理现场。作品质量要求能根据现场提供的变频器、伺服、步进驱动等驱动器件，完成小型运动控制系统的安装，要求装配前检查器件，元件安装无损坏，排列整齐，不松动，做到导线必须沿线槽内走线，器件外部不允许有直接连接的导线，线槽出线应整齐美观，线路连接、套管、标号符合工艺要求；能准确完成小型运动控制系统的程序设计与调试，要求功能程序设计完整，程序调试符合操作规范，达到控制要求；能完成系统的整体调试，要求参数的整定值符合要求，功能测试达到系统要求，确保系统功能的完整性，达到设备的运行要求，能按格式及项目要求填写相关技术文件

（2）项目 2-1-2：智能感知应用（岗位基本技术）。

智能感知应用的培训主要包括：视觉成像原理及基本图形处理、工件图像的分割和特征提取、工件的视觉定位与尺寸测量、工件的视觉颜色检测与数量统计、基于视觉系统的流水线分拣系统设计等内容，具体培训任务及要求见表6-7。

表 6-7 智能感知应用培训任务及培训要求一览表

项目 2-1-2：智能感知应用
任务描述：通过智能感知应用学习，使学员掌握视觉成像处理、工业视觉系统搭建与调试、工业视觉程序开发、工业视觉系统调试与检测等相关知识，具备典型工业视觉检测系统的设计能力
培训时量：14 天

续表 6-7

培训任务	培训目标	训练内容	培训地点	培训形式	培训时量/天
视觉成像原理及基本图形处理	①能根据智能感知的功能需求，合理配置视觉系统平台；②能利用能够利用灰度处理、二值化处理等方法对视觉成像进行基本处理	①视觉系统的基本参数配置与应用；②视觉检测系统的构成与系统搭建；③视觉成像原理认识；④数字图像基础及图像处理基础	企业	操作示教小组讨论实践操作	3
工件图像的分割和特征提取	能够根据提供的工件，完成工件图形的分割、特征提取等常用图形处理	①图像分割的步骤与算法分析；②边缘检测的实现与算法分析；③图像特征提取的实现与算法分析；④图形模板的建立与图形匹配的过程分析	企业	操作示教小组讨论实践操作	3
工件的视觉定位与尺寸测量	①能够根据工件的大小尺寸不同，完成工件的定位测量；②能够根据工件的大小尺寸不同，完成工件的尺寸测量	①根据工件的类型，完成检测系统的需求分析与系统功能分析；②根据功能分析过程，完成视觉感知系统的安装与参数设置；③完成工件图形模板的制作与参数修正；④完成视觉检测系统的工件定位与尺寸测量；⑤完成视觉检测系统与外围控制系统的控制程序设计；⑥设备控制功能测试	企业	操作示教小组讨论实践操作	2

续表6-7

培训任务	培训目标	训练内容	培训地点	培训形式	培训时量/天
工件的视觉颜色检测与数量统计	①能够根据工件的颜色和轮廓不同，完成工件的颜色识别；②能够根据工件的颜色和轮廓不同，完成工件的轮廓识别；③能够利用视觉系统完成工件数量的统计	①根据工件的类型，完成检测系统的需求分析与系统功能分析；②根据功能分析过程，完成视觉感知系统的安装与参数设置；③完成工件图形模板的制作与参数修正；④完成工件的轮廓测量并输出检测结果；⑤完成工件的颜色检测并输出检测结果；⑥完成视觉检测系统与外围控制系统的控制程序设计；⑦检测设备控制功能测试	企业	操作示教 小组讨论 实践操作	3
基于视觉系统的流水线分拣系统设计	能够根据流水线的工艺要求，完成工件的自动检测和分拣工作	①完成分拣流水线检测工艺分析；②完成分拣流水线视觉检测的整体程序逻辑分析；③视觉系统的建立与PLC通信程序设计；④检测数据的存取与使用；⑤分拣流水线PLC程序设计；⑥设备控制功能测试	企业	操作示教 小组讨论 实践操作	3

考核方式：项目综合考核

续表 6-7

预期成果	考核评价要求
工件参数测量视觉系统	考核内容包括职业素养和作品质量两个部分。职业素养要求遵循安全操作规程，穿戴相关防护用品；工具、仪表、材料、作品摆放整齐，着装整齐、规范；考核不迟到，过程中不做与考试无关事宜，服从考场安排，考核完成后按照 6S 标准清理现场。作品质量要求能根据现场提供的工件对象，正确完成视觉系统的安装及视觉参数配置与通信；要求视觉系统安装牢固，不松动，垂直于工件上方，没有安装角度误差，且光源安装合理且可以调节光源强度大小，并能根据检查要求和精度，完成视觉参数配置与通信；要求工件模板图片设置正确，工件测量函数调用正确，视觉通信参数设置正常，能与 PLC 通信，能达到视觉检测的功能需求；要求视觉系统能正常测量流水线上的工件，测量数据完整，能正常传输给 PLC，工件的定位准确，工件的尺寸测量准确，误差符合要求，视觉检测结果能在 HMI 系统中正确显示，并按格式及项目要求填写相关技术文件

(3)项目 2-1-3：工业机器人操作与示教编程(岗位基本技术)。

工业机器人操作与示教编程的培训主要包括：工业机器人安全保护、工业机器人基本配置、工业机器人轨迹规划、工业机器人程序编写、工业机器人目标点位示教、工业机器人程序调试等内容，具体培训任务及要求见表 6-8。

表 6-8　工业机器人操作与示教编程培训任务及培训要求一览表

项目 2-1-3：工业机器人操作与示教编程

任务描述：通过学习工业机器人操作与示教编程，使学员掌握工业机器人的安全保护、工业机器人的基本配置、工业机器人的轨迹规划、工业机器人程序的编写、工业机器人目标点位的示教、工业机器人程序调试等相关知识，具备典型工业机器人安全作业、运行操作、示教编程等能力

培训时量：14 天

续表 6-8

培训任务	培训目标	训练内容	培训地点	培训形式	培训时量/天
工业机器人安全保护	①能识读工作单元系统操作手册和标识；②能识别工业机器人安全风险并采取应对措施；③能按照通用安全规范实施作业；④能查看工业机器人提示信息和日志	①工作单元系统操作手册的识读；②工业机器人安全规范的识读；③工业机器人安全风险的识别与应对；④工业机器人信息和日志的查看	企业	讲解示范小组协作实践	2
工业机器人基本配置	①能够对机器人的模块和程序进行管理；②能够正确使用机器人的安全装置；③能够设置机器人的可编程按钮、I/O 口等运行参数；④能够正确配置机器人的工具和工件坐标系；⑤能够按要求完成机器人的试运行	①对机器人的模块进行管理，能够新建复制、移动、重命名模块；②对机器人的程序进行管理，能够新建复制、移动、重命名程序；③使用机器人的急停、停止等安全装置；④配置机器人的可编程按钮；⑤通过事件查看器，了解机器人的警告和错误信息；⑥配置机器人的 I/O 口；⑦标定机器人的工件坐标系；⑧标定机器人的工具坐标系；⑨试运行机器人的程序	企业	讲解示范小组协作实践	3

续表6-8

培训任务	培训目标	训练内容	培训地点	培训形式	培训时量/天
机器人轨迹规划	①能够根据工艺要求，对机器人的运行轨迹进行规划；②能够对需要校准的点位进行规划和命名	①根据工艺要求，分析机器人的运行轨迹；②对机器人的轨迹进行规划；③确定机器人需要示教的点位；④按照命名规范，对需要示教的点位进行命名；⑤确定机器人的工具和工件坐标系	企业	讲解示范小组协作实践	1
工业机器人程序编写	①能够正确运用工业机器人的运动指令；②能够正确运用工业机器人的逻辑指令和程序编辑指令	①编写机器人的运动指令；②编写机器人的逻辑指令；③编写机器人程序的流程指令；	企业	讲解示范小组协作实践	3
工业机器人目标点位示教	①能够正确示教机器人的点位信息；②能够正确使用机器人的偏移指令；③通过重定位、线性运动、关节运动，让机器人移动到对应的点位	①切换机器人的坐标系；②使用线性运动、关节运动，调整机器人的位置；③使用重定位运动和关节运动，调整机器人的姿态	企业	讲解示范小组协作实践	2

续表6-8

培训任务	培训目标	训练内容	培训地点	培训形式	培训时量/天
工业机器人程序调试	①能够对编写的程序和示教的点位进行调整；②能够对程序中存在的问题进行修正	①通过手动单步运行，实现机器人的功能；②通过手动连续运行，实现机器人的功能；③通过自动运行实现机器人的功能	企业	讲解示范小组协作实践	3

考核方式：项目综合考核

预期成果	考核评价要求
工业机器人组装电路板	考核内容包括职业素养和作品质量两个部分。职业素养要求遵循安全操作规程，穿戴相关防护用品；工具、仪表、材料、作品摆放整齐，着装整齐、规范；考核不迟到，过程中不做与考试无关事宜，服从考场安排，考核完成后按照6S标准清理现场；作品质量要求能正确启动机器人工作站和机器人，正确使用机器人示教器，实现关节运动、线性运动；能正确打开空压机，设置气压值大小；能根据工业机器人技术指标和工艺要求，配置机器人的系统参数，要求能正确配置考核表中要求的I/O口和可编程控制按钮，标定机器人的工具坐标系，精度在符合要求；能正确设置机器人的工件坐标系；能正确分析机器人的路径，选择合适指令规划运动路径；能完成指定功能的程序编辑与调试，正确示教机器人的点位信息，并在连续运行的情况下实现程序功能；在完成工作任务后，机器人返回原点；功能调试演示过程无碰撞现象

（4）项目2-2-1：工业数据采集与处理（岗位核心技术）。

工业数据采集与处理的培训主要包括：网络体系结构与工业网络基础认知、PPI网络构建与运行、PROFIBUS-DP总线网络构建与运行、工业以太网络构建与运行、无线网络构建与运行、工业网络冗余通信、虚拟网络VLAN的构建、本地路由功能的实现、工业系统运行数据的云存储、可视化界面开发、生产过程数据远程收集与分析等内容，具体培训任务及要求见表6-9。

表 6-9 工业数据采集与处理培训任务及培训要求一览表

项目 2-2-1：工业数据采集与处理

任务描述：通过完成工业数据采集与处理培训，使学员掌握计算机网络体系结构和常用工业网络系统相关知识，具备典型工业网络控制系统配置、管理、工业云平台应用的能力

培训时量：14 天

培训任务	培训目标	训练内容	培训地点	培训形式	培训时量/天
网络体系结构与工业网络基础认知	①能分析网络体系结构与功能；②能够进行简单的网络类型划分和判断；③能进行简单的网络安全规划与配置	①计算机网络体系的基本情况；②数据通信原理、网络结构层次体系；③局域网特性、广域网特性、网络协议及应用；④网络安全；⑤网络体系结构与典型工业网络	企业	讲解示范小组讨论实操训练	1
PPI 网络构建与运行	①能完成 MPI 通信电缆的接线；②能熟练配置系统，实现多个设备的 PPI 通信；③能合理运用编程指令，完成网络数据读写操作	①MPI 通信电缆的接线；②PPI 通信系统配置；③网络数据读写操作	企业	讲解示范小组讨论实操训练	1
PROFIBUS-DP 总线网络构建与运行	①能熟练配置常用 PLC 或执行机构，完成 PROFIBUS-DP 总线网络的硬件和软件组态；②能熟练编程网络读写指令；③能完成网络运行情况的在线监控	①配置多个 PLC 或具有 PROFIBUS-DP 总线接口的执行机构，完成 PROFIBUS-DP 总线的硬件和软件组态；②根据控制要求编写网络控制程序；③网络运行情况的在线监控	企业	讲解示范小组讨论实操训练	1

续表 6-9

培训任务	培训目标	训练内容	培训地点	培训形式	培训时量/天
工业以太网络构建与运行	①能熟练配置常用 PLC 或执行机构，完成工业以太网络的硬件组态；②能设置工业以太网服务器、客户机的软件；③能熟练编程网络读写指令；④能完成网络运行情况的在线监控	①配置多个 PLC 或具有工业以太网接口的执行机构，完成工业以太网络的硬件组态；②设置工业以太网服务器、客户机的软件；③根据控制要求编写网络控制程序；④网络运行情况的在线监控	企业	讲解示范 小组讨论 实操训练	1
无线网络构建与运行	①能熟练配置常用 PLC 或 RFID 设备，通过无线通信模块，完成无线网络的硬件组态；②能设置无线网络服务器、客户机的软件；③能熟练编程网络读写指令；④能完成网络运行情况的在线监控	①配置多个 PLC 或 RFID 设备，完成无线通信网络的硬件组态；②设置无线网络服务器、客户机的软件；③根据控制要求编写网络控制程序；④网络运行情况的在线监控	企业	讲解示范 小组讨论 实操训练	1
工业网络冗余通信	①能将多台交换机通过冗余环口依次进行连接，构成环形网络结构；②能设置交换机作为冗余管理器 RM，管理冗余环网；③能正确调试测试冗余通信网络的工作情况	①配置 PLC 等网络终端；②编写测试程序；③正确配置交换机；④正确配置环形冗余管理器；⑤正确完成设备连接并进行冗余通信测试	企业	讲解示范 小组讨论 实操训练	1

续表6-9

培训任务	培训目标	训练内容	培训地点	培训形式	培训时量/天
虚拟网络VLAN的构建	①能正确配置 PLC 与交换机；②能正确配置系统，构建虚拟网络VLAN；③能正确连接设备，编写测试程序，调试虚拟网络 VLAN	①配置 PLC 与交换机；②配置系统，构建虚拟网络 VLAN；③能正确连接设备，编写测试程序，调试虚拟网络 VLAN	企业	讲解示范小组讨论实操训练	1
本地路由功能的实现	①能正确规划 IP 地址、网关地址和VLAN 号；②能正确配置上位机、交换机的 IP 地址和网关；③能正确配置系统，构建虚拟网络VLAN；④能正确连接系统，完成工程测试	①规划 IP 地址、网关地址和 VLAN 号；②配置上位机、交换机的 IP 地址和网关；③配置系统，构建虚拟网络 VLAN；④连接系统，完成工程测试	企业	讲解示范小组讨论实操训练	1
工业系统运行数据的云存储	①能正确构建工业数据云存储的通道；②能实现工业系统运行数据的云存储	①新建网关，建立数据通道；②配置需要传输的数据；③配置云平台的设备；④查看调试数据信息	企业	讲解示范小组讨论实操训练	2
可视化界面开发	能开发 web 可视化和移动应用平台	①常用组件的运用；②数据源的配置	企业	讲解示范小组讨论实操训练	2

续表6-9

培训任务	培训目标	训练内容	培训地点	培训形式	培训时量/天
生产过程数据远程收集与分析	①能够完成MES系统的生产数据收集、归档、数据分析与数据图形化处理等；②能利用大数据分析技术进一步挖掘产品生产过程中获得的数据，实现智能诊断、故障分析、质量改进分析	①MES系统的生产数据收集；②数据归档；③生产数据的过程分析整理；④生产数据的数据图形化处理	企业	操作示教小组讨论实践操作	2

考核方式：项目综合考核

预期成果	考核评价要求
工业网络控制系统设计	考核内容包括职业素养和作品质量两个部分。职业素养要求遵循安全操作规程，穿戴相关防护用品；工具、仪表、材料、作品摆放整齐，着装整齐、规范；考核不迟到，过程中不做与考试无关事宜，服从考场安排，考核完成后按照6S标准清理现场。作品质量要求能通过分析控制系统工艺及功能，提出系统设计方案；要求画出系统的网络拓扑图，设置网络通信节点的网络地址，分配任务要求的所有数据传输区各I/O端口地址；正确设计系统的通信程序和控制程序，并能根据设计方案完成线路安装，要求线路布置整齐、合理，能操作软件完成各控制器的硬件组态、系统通信网络连接、控制网络的系统配置、进行程序的编写、修改、调试等操作；能解决调试和运行过程中出现的问题，对PLC进行联机下载程序，按照被控设备的动作要求进行模拟调试，达到控制要求；能根据生产管理要求，制定技术文件

（5）项目2-2-2：自动化生产线安装与调试（电气自动化技术专业方向）（岗位核心技术）。

自动化生产线安装与调试（电气自动化技术专业方向）的培训主要包括：生产线构成及工作过程分析、生产线电气控制系统分析及设计、电气系统的安装与调试、系统控制程序的编写与调试、系统的维护、系统维修等内容，具体培训任务及要求见表6-10。

表 6-10　自动化生产线安装与调试(电气自动化技术专业方向)培训任务及培训要求一览表

项目 2-2-2：自动化生产线安装与调试(电气自动化技术专业方向)

任务描述：通过完成自动化生产线的安装与调试，使学员掌握电气识图、电气控制、信号检测、执行机构、编程技术等相关知识，具备典型自动化设备电气系统安装、调试、编程、维护与维修能力

培训时量：14 天

培训任务	培训目标	训练内容	培训地点	培训形式	培训时量/天
生产线构成及工作过程分析	①能区分构成生产线的常用单元结构及其基本功能；②能根据需要，正确运用典型机械结构；③能根据实际情况运用相关的传感器；④能使用常用电动机，能对驱动器进行参数设置与调整，能完成气动元件的安装、调试、维护	①生产线的基本构成，生产线的工作过程的认知；②生产线典型机械机构的运用；③生产线典型传感器的使用；④生产线典型执行机构的运用	企业	讲解示范小组协作实践	2
生产线电气控制系统分析及设计	①能分析系统控制要求，规划生产线电气系统构成；②能根据控制要求，完成系统输入输出地址分配；③能分析绘制输入输出典型回路；④能绘制系统电气原理图	①生产线电气系统构成分析；②典型输入输出回路分析及运用；③系统电气原理图的设计及绘制	企业	讲解示范小组协作实践	2

续表 6-10

培训任务	培训目标	训练内容	培训地点	培训形式	培训时量/天
电气系统的安装与调试	①能对照电气原理图、电气接线图，根据电气装配工艺要求，运用各类工具、仪表，完成生产线控制柜的配电盘线路安装、系统气动回路安装；②能根据调试手册要求测试设备的各种控制功能	①常用电气装配工具、仪表的使用；②电气原理图、接线图的识读；③控制柜配电盘线路安装；④通电前短路检测、接地电阻值检测；⑤设备控制功能测试	企业	讲解示范小组协作实践	3
系统控制程序的编写与调试	能够根据生产工艺要求，分析系统控制的总体流程，设计系统控制程序，并完成系统的仿真调试与现场联调	①系统功能分析；②控制程序设计；③控制程序仿真调试；④系统联调	企业	讲解示范小组协作实践	3
系统的维护	①能根据维护检查标准，遵循作业方法，完成设备各检查点的点检工作；②能按照要求，完成预防性维护检查表的填写	①机身的预防性维护检查；②电气部分的预防性维护检查；③气动部分的预防性维护检查	企业	讲解示范小组协作实践	1
系统维修	①能根据系统故障现象，分析故障产生的原因，找出故障点；②能运用维修专用工具，排除故障并重新调试设备至正常运行	①故障分析的方法；②故障检测；③故障排查；④系统调试	企业	讲解示范小组协作实践	3

续表 6-10

考核方式：项目综合考核

预期成果	考核评价要求
生产线电气控制线路	考核内容包括职业素养和作品质量两个部分。职业素养要求遵循安全操作规程，穿戴相关防护用品；工具、仪表、材料、作品摆放整齐，着装整齐、规范；考核不迟到，过程中不做与考试无关事宜，服从考场安排，考核完成后按照6S标准清理现场。作品质量要求能根据提供的电气原理图、接线图，正确完成小型生产线电气控制系统的安装与回路测试；要求操作工序、流程、方法符合行业相关标准及规范操作，能正确使用工具和仪器仪表，装配前用仪表检查器件，安装过程不损坏元器件，元件排列整齐，不松动；导线必须沿线槽内走线，线槽出线应整齐美观，器件外部不允许有直接连接的导线，线路连接、套管、标号符合工艺要求；控制程序要求分析正确，设计合理，能熟练运用编程工具进行程序的编辑、下载、调试等；能完成系统的整体调试，参数的整定和回路功能测试达到系统要求，并按格式及项目要求填写相关技术文件

（6）项目 2-2-3：自动化生产线优化与升级（电气自动化技术专业方向）（岗位核心技术）。

自动化生产线优化与升级（电气自动化技术专业方向）的培训主要包括：不良原因分析、系统参数优化、节拍生产、生产节拍调整、系统改造升级等内容，具体培训任务及要求见表 6-11。

表 6-11 自动化生产线优化与升级（电气自动化技术专业方向）培训任务及培训要求一览表

项目 2-2-3：自动化生产线优化与升级（电气自动化技术专业方向）

任务描述：通过完成自动化生产线的系统参数优化、生产节拍调整、系统改造升级等任务，使学员掌握工艺改进、电气原理图设计、控制程序编写等相关知识，具备典型自动化设备优化与升级能力

培训时量：21 天

续表 6-11

培训任务	培训目标	训练内容	培训地点	培训形式	培训时量/天
不良原因分析	①掌握品质异常的定义及常用分析手段；②能运用多种方法分析生产线常见品质异常产生的原因	①品质异常的定义；②QC常用方法；③4M分析；④5W1H分析；⑤特性要因图的绘制	企业	讲解示范小组协作实践	3
系统参数优化	①能通过参数调整、PLC程序诊断功能进行系统的工艺改进，降低产品不良率；②能根据步进、伺服、视觉等器件的运行数据，通过参数调整完成设备振动的抑制、增益的优化、加工精度的优化调整	①常见产品不良分析；②PLC系统诊断功能运用；③步进、伺服、视觉等运行参数分析与改进；④系统功能测试	企业	讲解示范小组协作实践	4
节拍生产	①掌握精益生产现场各要素；②能分析推进精益生产时生产现场的瓶颈点	①生产线(设备)布置；②工序间在制品的物流存储；③工序内在制品的物流存储；④生产线物料(零部件)供应；⑤生产作业方式；⑥人员配置；⑦生产计划	企业	讲解示范小组协作实践	3

续表6-11

培训任务	培训目标	训练内容	培训地点	培训形式	培训时量/天
生产节拍调整	①能分析生产工艺要求，计算设备的期望生产节拍，制定优化调整方案；②能仿真并实际调整生产线的生产节拍，提升生产线运行效率	①生产工艺分析；②设备期望生产节拍计算；③分析各执行装置动作关系矩阵；④制定各执行装置调整方案；⑤仿真并实施调整方案	企业	讲解示范小组协作实践	4
系统改造升级	能根据生产工艺改进或设备安全防护的要求提出设备改造方案并实施	①设备改造总体方案；②系统电气原理图设计；③系统控制程序编写；④系统的软硬件改造及运行调试；⑤设备说明书等工艺文件修订	企业	讲解示范小组协作实践	7

考核方式：项目综合考核

预期成果	考核评价要求
生产线优化与升级	考核内容包括职业素养和作品质量两个部分。职业素养要求遵循安全操作规程，穿戴相关防护用品；工具、仪表、材料、作品摆放整齐，着装整齐、规范；考核不迟到，过程中不做与考试无关事宜，服从考场安排，考核完成后按照6S标准清理现场。作品质量要求能通过分析生产线工艺及功能，提出改造方案，要求方案设计合理，能有效提升生产效率，并能根据改造方案完成电路设计、控制程序编制与系统整体调试；要求电路设计规范，功能完整，控制要求分析正确，程序设计合理，能熟练运用编程工具进行程序的编辑、下载、调试等，参数的整定符合要求，回路功能测试达到系统要求，系统整体功能达到设计要求；并根据生产管理要求，制定技术文件；优化升级后的生产线产品不良率下降，整体生产节拍提升，生产效益提高，功能完善

(7)项目2-2-4：数控机床装调与维护(机电一体化技术专业方向)(岗位核心技术)

数控机床装调与维护(机电一体化技术专业方向)的培训主要包括：数控机床机械部件的装配、数控机床电气系统的安装与调试、数控系统的参数配置与调试、数控系统PLC的编写和调试、数控机床的故障诊断与维修、数控机床的维护等内容，具体培训任务及要求见表6-12。

表6-12　数控机床装调与维护(机电一体化技术专业方向)培训任务及培训要求一览表

项目2-2-4：数控机床装调与维护(机电一体化技术专业方向)

任务描述：通过学习数控机床机械部件的装配、数控机床电气系统的安装与调试、数控系统的参数配置与调试、数控系统PLC的编写和调试、数控机床的故障诊断与维修、数控机床的维护等内容，使学员掌握机械识图、电气识图、电气装配、调试、数控机床操作与编程、机床精度检测与调整、故障判断与维修维护等相关知识，具备数控机床的装配与调试、故障诊断与维修、数控机床的维护等能力

培训时量：14天

培训任务	培训目标	训练内容	培训地点	培训形式	培训时量/天
数控机床机械部件的装配	①能根据数控机床机械部件的总装图完成直线导轨、滚珠丝杆的安装；②能完成车床刀架的安装	①数控机床机械装配图识读；②直线导轨的安装与调试；③滚珠丝杆的安装与调试；④车床自动刀架的安装与调试	企业	讲解示范小组协作实践	3
数控机床电气系统的安装与调试	能根据数控机床电气原理图，完成数控机床电气部分的安装与调试	①数控机床电气原理图识读；②数控机床电气系统的连接与调试	企业	讲解示范小组协作实践	2

续表 6-12

培训任务	培训目标	训练内容	培训地点	培训形式	培训时量/天
数控系统的参数配置与调试	①能导入数控系统进行初始化参数或者系统；②能根据数控系统安装伺服驱动、主轴、传动部分的机械部件和其他控制部件；③能完成数控系统参数的配置	①数控系统的参数导入及初始化；②数控系统伺服、主轴部分的参数配置	企业	讲解示范小组协作实践	3
数控系统PLC的编写和调试	①能阅读数控机床标准PLC程序；能根据连接的信号情况配置PLC参数；②能备份和恢复PLC程序和参数	①数控机床提供的标准PLC程序各模块的作用；②根据信号配置PLC点位；③备份和恢复PLC程序	企业	讲解示范小组协作实践	2
数控机床的故障诊断与维修	能通过系统的诊断画面、仪器和PLC程序来检查并判断故障原因，并合理运用工具进行维修	①相关调试软件的使用；②数控机床故障分析与判断；③数控机床的故障维修	企业	讲解示范小组协作实践	2
数控机床的维护	能根据数控机床的维护保养手册，进行机床的常规保养	①数控机床机械部分的保养；②数控机床电气部分的保养；③数控机床其他装置的保养	企业	讲解示范小组协作实践	2

续表 6-12

考核方式：项目综合考核	
预期成果	考核评价要求
装调检修完成的数控机床	考核内容包括职业素养和作品质量两个部分。职业素养要求遵循安全操作规程，穿戴相关防护用品；工具、仪表、材料、作品摆放整齐，着装整齐、规范；考核不迟到，过程中不做与考试无关事宜，服从考场安排，考核完成后按照 6S 标准清理现场。作品质量要求根据数控机床的机械原理图、电气原理图、机械装配图等技术文件，合理使用相关仪器仪表、软件，完成数控机床的装调，并完成数控机床的机械、电气等故障判断与检修，使数控机床运行正常；要求电气连接正确，元器件安装正确紧固，顺利完成各项功能检测；故障现象描述准确，故障原因分析及故障处理方法得当，维修工艺文件撰写全面

（8）项目 2-2-5：数控机床改造升级（机电一体化技术专业方向）（岗位核心技术）

数控机床改造升级（机电一体化技术专业方向）的培训主要包括：数控机床改造方案制定、数控机床升级改造中机械部分设计、数控系统 PLC 编写、数控机床功能拓展与开发、数控机床与工业机器人协作应用功能开发、数控机床数据采集与交互、数控机床功能调整与优化、数控机床精度检验和调整等内容，具体培训任务及要求见表 6-13。

表 6-13　数控机床改造升级（机电一体化技术专业方向）培训任务及培训要求一览表

项目 2-2-5：数控机床改造升级（机电一体化技术专业方向）
任务描述：通过学习数控机床改造方案制定、数控机床升级改造中机械部分设计、数控系统 PLC 编写、数控机床功能拓展与开发、数控机床与工业机器人协作应用功能开发、数控机床数据采集与交互、数控机床功能调整与优化、数控机床精度检验和调整等内容，使学员掌握相关仪器仪表、调试软件的使用，数控机床性能调整、升级改造的相关知识，具备数控机床功能扩展与开发、数据采集与交互、工业机器人的智能化应用等能力
培训时量：21 天

续表 6-13

培训任务	培训目标	训练内容	培训地点	培训形式	培训时量/天
数控机床改造方案制定	能根据客户的需求，完成机床改造方案的制定	①客户改造需求的分析；②数控机床升级改造需求分析报告编制；③数控机床升级改造方案制订	企业	讲解示范小组协作实践	2
数控机床升级改造中机械部分设计	①能完成机床机械部件的改造和设计工作；②能绘制改造部件的零件图和装配图	①数控机床改造机械部分的设计；②改造部件零件图和装配图的绘制	企业	讲解示范小组协作实践	3
数控系统PLC编写	①能掌握数控系统PLC的编程方法；②掌握数控系统中系统信号的作用和功能；③能阅读标准PLC模块的程序，掌握其功能；④能完成M代码的编写	①数控机床PLC程序常用功能代码的使用及简单程序的编制；②系统信号（F和G信号）的作用和用途；③根据需要调整PLC模块程序功能；④M代码的编写方法	企业	讲解示范小组协作实践	4
数控机床功能拓展与开发	①能完成机床自动门的功能开发；②能完成测头的功能开发；③能完成自动化夹具的功能开发	①机床自动门功能的开发；②测头的功能开发；③数控铣床气动卡盘等自动化夹具的功能开发	企业	讲解示范小组协作实践	3

续表6-13

培训任务	培训目标	训练内容	培训地点	培训形式	培训时量/天
数控机床与工业机器人协作应用功能开发	能完成数控机床和工业机器人协作交互程序的开发	①根据工业机器人上下料的要求，完成方案的设计；②数控PLC程序和总控PLC程序的开发	企业	讲解示范小组协作实践	3
数控机床数据采集与交互	能根据数据采集和交互要求，使用数控机床相关功能和仪器，完成数控机床数据采集与交互	①采集数控机床相关信息；②数控机床数据交互	企业	讲解示范小组协作实践	2
数控机床功能调整与优化	能采用数控系统伺服调试软件与球杆仪等工具，完成数控系统的功能调整和优化	①伺服优化的应用；②球杆仪的使用；③使用球杆仪数据调整数控系统伺服参数；④数控机床性能和精度优化	企业	讲解示范小组协作实践	2
数控机床精度检验和调整	①能掌握激光干涉仪的使用；②能完成数控机床定位精度和重复定位精度的检验；③能完成数控系统螺距补偿，优化机床加工精度	①激光干涉仪的使用；②使用激光干涉仪完成数控机床定位精度和重复定位精度的测量；③数控机床螺距补偿	企业	讲解示范小组协作实践	2

考核方式：项目综合考核

续表 6-13

预期成果	考核评价要求
升级改造完成的数控机床	考核内容包括职业素养和作品质量两个部分。职业素养要求遵循安全操作规程,穿戴相关防护用品;工具、仪表、材料、作品摆放整齐,着装整齐、规范;考核不迟到,过程中不做与考试无关事宜,服从考场安排,考核完成后按照 6S 标准清理现场。作品质量要求能根据数控机床升级改造的要求,编制合理的数控机床升级改造方案,要求方案设计合理,能完成数控机床增加适应智能化需要的自动门、自动夹具的功能要求;利用相关软件和工具,完成数控机床的升级改造,并完善数控机床的功能,工艺上要求线路敷设横平竖直,不交叉、不跨接、整齐、美观,气路连接时元件安装和气动电磁阀元件可靠、整齐、到位,能对数控系统、在机测头等数据进行采集,实现数据相互通信,以及数据的备份,完成关节机器人与加工中心的信号、数据、逻辑对接,通过示教编程实现加工中心自动上下料功能;能熟练运用编程工具进行手动加工程序编制,加工程序设计合理;调试要求数控机床参数调整合理,伺服系统参数调整合理,达到伺服优化的要求,自动门和自动夹具的联调测试,自动门、自动夹具、光栅尺运行测试达到设计要求,改造升级系统整体功能达到设计要求

(9)项目 2-2-6:工业机器人典型应用编程(工业机器人技术专业方向)(岗位核心技术)。

工业机器人典型应用编程(工业机器人技术专业方向)的培训主要包括:工业机器人高级编程、工业机器人外围设备的安装调试、工业机器人外围设备程序的设计与调试、工业机器人工作站的调试、工业机器人搬运码垛单元应用、工业机器人喷涂单元的应用、工业机器人焊接单元的应用等内容,具体培训任务及要求见表 6-14。

表 6-14 工业机器人典型应用编程(工业机器人技术专业方向)培训任务及培训要求一览表

项目 2-2-6:工业机器人典型应用编程(工业机器人技术专业方向)
任务描述:通过完成工业机器人典型应用编程培训,使学员掌握工业机器人高级编程、机器人外部设备程序的编写、工业机器人视觉系统功能调试、工业机器人末端夹具的安装、工业机器人工作站三维模型的建立、工业机器人仿真工作站程序的编写与调试,具备工业机器人典型单元应用程序的编写、调试等能力
培训时量:21 天

续表 6-14

培训任务	培训目标	训练内容	培训地点	培训形式	培训时量/天
工业机器人高级编程	能使用机器人的高级编程功能	①通过机器人的工具坐标、工件坐标实现偏移功能；②使用高级功能调整程序；③典型工作任务的中断、触发程序编写；④多任务方式编写机器人应用程序；⑤中断调用子程序的编写；⑥工业机器人外部轴参数配置与程序设计	企业	讲解示范小组协作实践	3
工业机器人外围设备的安装调试	①能够识读机器人末端夹具的安装工艺图；②能够安装机器人的末端夹具；③能够通过气路图安装气路；④能根据工艺要求，安装设备的传感器	①识读机器人末端夹具的装配图；②根据装配图对机器人的末端夹具进行安装；③调试机器人的末端夹具；④根据工作站，识读电气线路图的气路部分；⑤通过气路图对工作站的气路部分进行安装；⑥机器人气动系统压力、流量调节；⑦工业机器人末端执行器与周边设备联调	企业	讲解示范小组协作实践	3

续表6-14

培训任务	培训目标	训练内容	培训地点	培训形式	培训时量/天
工业机器人外围设备程序的设计与调试	①能够编写PLC程序，实现步进装置、伺服装置功能；②能够编写人机交互功能程序；③能够编写PLC程序实现变频装置功能；④能够安装视觉设备，对被识别物体搭建图像识别模型	①伺服运动控制装置设计；②传送带步进系统设计；③变频器控制功能程序设计；④工业机器人外部轴参数配置与程序设计与调试；⑤物体的图像识别模型程序设计与调试；⑥编写与PLC或机器人的通信功能；⑦实现机器人工作站人机交互设备的数据显示功能	企业	讲解示范小组协作实践	2
工业机器人工作站的调试	能根据机器人工作站的工艺要求，编写机器人程序并调试工作站	①编写工业机器人工作站功能程序；②调试工业机器人工作站功能程序；③对工业机器人与外围设备进行联调	企业	讲解示范小组协作实践	2

续表6-14

培训任务	培训目标	训练内容	培训地点	培训形式	培训时量/天
工业机器人搬运码垛单元应用	①能根据搬运生产的实际要求与工艺，完成路径规划与节拍优化；②能利用仿真工具实现搬运码垛单元运行轨迹的仿真；③选用合适搬运工具、工装夹具，完成工业机器人的搬运工艺的配置与产能优化	①工业机器人搬运工艺知识学习；②工业机器人运行维护的轨迹规划与工艺参数的优化；③建立机器人工作站附属设备的三维模型并仿真运行轨迹；④安装搬运码垛工具、工装夹具及周边配套设备；⑤判断机器人的机械故障，进行维修	企业生产车间	讲解示范小组协作实践	3
工业机器人喷涂单元的应用	①能根据喷涂生产的实际要求与工艺，完成喷涂路径规划与节拍优化；②能利用仿真工具实现喷涂单元的喷涂过程仿真；③选用合适喷涂工具、工装夹具，完成工业机器人的喷涂工艺与产能优化	①工业机器人喷涂工艺知识学习；②工业机器人运行维护的轨迹规划与工艺参数的优化；③建立机器人工作站附属设备的三维模型并仿真喷涂运行轨迹；④安装喷涂工具、工装夹具及周边配套设备；⑤判断机器人的电气故障，并进行维修；⑥工业机器人视觉系统功能调试；伺服装置、步进装置、变频装置参数设定	企业生产车间	讲解示范小组协作实践	4

续表6-14

培训任务	培训目标	训练内容	培训地点	培训形式	培训时量/天
工业机器人焊接单元的应用	①能根据焊接生产的实际要求与工艺，完成焊接路径规划与节拍优化；②能利用仿真工具实现焊接单元的点焊、弧焊等焊接过程仿真；③选用合适焊接工具、工装夹具，完成工业机器人的焊接工艺的配置与产能优化，并完成机器人的精度检测	①工业机器人焊接工艺知识学习；②工业机器人重复定位精度检测；③工业机器人焊接工艺的优化；④优化工业机器人的作业位姿、运动轨迹、工艺参数运行程序等；⑤建立工业机器人仿真平台并仿真焊接流程	企业生产车间	讲解示范小组协作实践	4

考核方式：项目综合考核

预期成果	考核评价要求
工业机器人装配单元应用编程	考核内容包括职业素养和作品质量两个部分。职业素养要求遵循安全操作规程，穿戴相关防护用品；工具、仪表、材料、作品摆放整齐，着装整齐、规范；考核不迟到，过程中不做与考试无关事宜，服从考场安排，考核完成后按照6S标准清理现场。作品要求根据工作任务，完成工业机器人、PLC程序、视觉检测程序的设计并调试，使工业机器人实现工件自动上料、输送、检测、装配和入库全过程的控制要求，并确保工业机器人正常安全运行

（10）项目2-2-7：工业机器人维护与保养（工业机器人技术专业方向）（岗位核心技术）。

工业机器人维护与保养（工业机器人技术专业方向）的培训主要包括：工业机器人报警排除、工业机器人定期备份、工业机器人维修记录编写、工业机器人点检表编制、工业机器人日常保养、工业机器人安全检查等内容，具体培训任务及要求见表6-15。

表6-15　工业机器人维护与保养(工业机器人技术专业方向)培训任务及培训要求一览表

项目2-2-7：工业机器人维护与保养(工业机器人技术专业方向)

任务描述：通过完成工业机器人维护与保养任务，使学员掌握工业机器人报警排除、工业机器人定期备份、工业机器人维修记录编写、工业机器人点检表编制、工业机器人日常保养、工业机器人安全检查等相关知识，具备工业机器人系统维护、工业机器人系统运行保养的能力

培训时量：14天

培训任务	培训目标	训练内容	培训地点	培训形式	培训时量/天
工业机器人报警排除	①能够正确识别机器人的报警代码；②能够通过报警代码查找机器人的故障手册；③能够通过故障手册或示教器提示窗口排除机器人的故障	①正确查阅机器人的报警代码；②运用机器人的故障手册查找机器人的故障；③通过示教器的提示或者故障手册中的提示信息排除机器人的故障；④异常情况下的紧急制动、复位等处理操作	企业	讲解示范小组协作实践	2
工业机器人定期备份功能	①能正确备份机器人的系统，正确恢复机器人的系统；②能将系统恢复到其他机器人工作站中；③能对恢复后的系统进行标定	①机器人系统的备份周期和规定；②对机器人备份系统进行正确命名；③将机器人的系统正确备份；④将机器人的系统恢复到相同型号工作站中；⑤在恢复系统后，对机器人重新进行标定	企业	讲解示范小组协作实践	2

续表 6-15

培训任务	培训目标	训练内容	培训地点	培训形式	培训时量/天
工业机器人维修记录编写	能够根据要求编写机器人的维修记录	①按规范填写机器人故障的名称；②按规范填写机器人故障的解除方式；③填写机器人故障的排除人员；④填写机器人故障的排除时间	企业	讲解示范 小组协作 实践	3
工业机器人点检表编制	能够编制机器人的日点检表和编制机器人的定期点检表	①编制机器人的日点检表；②编制机器人的定期点检表	企业	讲解示范 小组协作 实践	2
工业机器人日常保养	能对机器人进行外观日常保养	①工业机器人本体及控制柜清洁，四周无杂物；②保持通风良好；③示教器屏幕显示检查；④示教器控制器功能正常检查；⑤检查安全防护装置是否运作正常，急停按钮是否正常；⑥气管、接头、气阀漏气检查；⑦检查机器人电动机运转声音是否正常	企业	讲解示范 小组协作 实践	2

续表6-15

培训任务	培训目标	训练内容	培训地点	培训形式	培训时量/天
工业机器人安全检查	①能够清洁工业机器人；②能够正确检查工业机器人线缆、机械限位；③能够检查机器人的塑料盖和信息标签；④能够检查机器人的同步带和正确更换机器人的电池组	①清洁工业机器人；②检查工业机器人线缆；③检查机器人的第1、2、3轴上的机械限位；④检查机器人的塑料盖；⑤检查机器人的信息标签；⑥检查机器人的同步带；⑦更换机器人的电池组	企业	讲解示范小组协作实践	3

考核方式：项目综合考核

预期成果	考核评价要求
工业机器人定期点检	考核内容包括职业素养和作品质量两个部分。职业素养要求遵循安全操作规程，穿戴相关防护用品；工具、仪表、材料、作品摆放整齐，着装整齐、规范；考核不迟到，过程中不做与考试无关事宜，服从考场安排，考核完成后按照6S标准清理现场。作品质量要求能根据工作站维护保养手册，分析机器人维护与保养要求，进行外观日常保养，对工业机器人本体、周边设备和末端执行器进行安装位置、紧固状态、噪音、振动、漏油和渗油等机械状态进行安装检查，并填写点检记录

（11）项目2-2-8：工业机器人系统集成（岗位核心技术）。

工业机器人系统集成的培训主要包括：工业机器人系统的方案设计、工业机器人系统的虚拟仿真、工业机器人系统的装配、工业机器人工作站及周边设备的编程、工业机器人系统调试与验证、工业机器人系统说明文件编制等内容，具体培训任务及要求见表6-16。

表6-16　工业机器人系统集成培训任务及培训要求一览表

项目2-2-8：工业机器人系统集成

任务描述：通过工业机器人系统集成培训，使学员掌握工业机器人系统的方案设计、工业机器人系统的虚拟仿真、工业机器人系统的装配、工业机器人工作站及周边设备的编程、工业机器人系统调试与验证等相关知识，具备工业机器人工作站的设计、仿真、装配、联调验证、技术文件编制等能力

培训时量：35天

培训任务	培训目标	训练内容	培训地点	培训形式	培训时量/天
工业机器人系统的方案设计	①能够完成柔性生产线的工业机器人选型；②能完成工业机器人系统控制方案和实施方案的设计	①工业机器人柔性生产线控制方案和实施方案的初步设计；②调研和整理柔性生产线的工艺流程和控制方法；③工业机器人柔性生产线工作站配套设备选型；④撰写和完善柔性生产线的控制方案书	企业	讲解示范小组协作实践	6
工业机器人系统的虚拟仿真	①能进行柔性生产线工装夹具的仿真与验证；②能完成工业机器人柔性生产线系统的虚拟仿真与验证工作	①工业机器人仿真软件学习；②机器人的仿真应用；③柔性生产线工装夹具和工业机器人柔性生产线系统集成设计与仿真；④柔性生产线装配任务的系统仿真；⑤柔性生产线涂胶任务的系统仿真与验证	企业	讲解示范小组协作实践	7

续表 6-16

培训任务	培训目标	训练内容	培训地点	培训形式	培训时量/天
工业机器人系统的装配	能根据工业机器人应用及周边设备情况,完成工业机器人系统的机械和电气装配	①工业机器人及其附属设备的机械装配;②工业机器人及其附属设备的机械精度校正;③工业机器人及其附属设备的电气装配与调试;④工业机器人系统联调	企业	讲解示范小组协作实践	6
工业机器人工作站及周边设备的编程	能根据功能要求,完成工业机器人系统的编程	①工业机器人与 PLC 控制设备的程序设计;②配置和调试触摸屏、视觉系统和 PLC 控制设备的通信;③使用 PLC 和工业机器人完成柔性生产线工作任务的程序编写	企业	讲解示范小组协作实践	7
工业机器人系统调试与验证	能根据工作任务,完成工业机器人系统的调试和验证	①工业机器人基础调试;②工业机器人、末端执行器及附属设备联调;③工业机器人系统验证	企业	讲解示范小组协作实践	5
工业机器人系统说明文件编制	能根据工业机器人实际应用,编制操作说明书和维护保养手册	①编制工业机器人系统使用说明书;②编制工业机器人维护保养手册	企业	讲解示范小组协作实践	4

考核方式:项目综合考核

预期成果	考核评价要求
工业机器人系统集成	考核内容包括职业素养和作品质量两个部分。职业素养要求遵循安全操作规程,穿戴相关防护用品;工具、仪表、材料、作品摆放整齐,着装整齐、规范;考核不迟到,过程中不做与考试无关事宜,服从考场安排,考核完成后按照 6S 标准清理现场。作品质量要求能根据培训期间完成的工业机器人系统,对工业机器人系统进行验收,要求产量能达到 300 个/小时;具备安全保护、生产过程的可追溯等功能

(12)项目2-3-1：智能化边缘计算系统应用(岗位新技术)。

智能化边缘计算系统应用培训主要包括：边缘计算系统分析与搭建、产线智能化改造与调试、人工智能模型分析与应用、人工智能与边缘计算系统联合应用等内容，具体培训任务及要求见表6-17。

表6-17　智能化边缘计算系统应用培训任务及培训要求一览表

项目2-3-1：智能化边缘计算系统应用

任务描述：通过完成智能化边缘计算系统应用的学习，使学员掌握边缘计算和人工智能原理、边缘计算系统组成、人工智能模型、人工智能应用方法等相关知识，具备智能化边缘计算系统搭建和应用能力

培训时量：14天

培训任务	培训目标	训练内容	培训地点	培训形式	培训时量/天
边缘计算系统分析与搭建	①能够对边缘计算系统功能需求进行分析；②能够设计边缘计算系统搭建方案；③能够进行边缘计算系统设备安装与调试	①边缘计算系统常用功能分析；②基于实际产线的边缘计算系统需求分析；③边缘计算系统的设计；④边缘计算系统的搭建	企业	讲解示范小组协作实践	3
产线智能化改造与调试	①能够将边缘计算系统嵌入生产线系统；②能够实现边缘计算系统与原有数据采集、智能感知系统的接入；③能够联调实现多系统协作；④能够进行智能生产线运行调试	①产线智能化改造方案分析与设计；②交互接口与通信协议分析与选型；③工业数据采集与处理系统调整与接入；④智能感知系统调整与接入；⑤智能产线联调与试运行	企业	讲解示范小组协作实践	6

续表 6-17

培训任务	培训目标	训练内容	培训地点	培训形式	培训时量/天
人工智能模型分析与应用	①能够根据监测需求调整工业云平台人工智能模型配置实现设备监控；②能够应用工业云平台人工智能进行生产大数据分析	①工业云平台人工智能模型与修改配置；②工业云平台人工智能模型在设备监控中的应用；③工业云平台人工智能的数据分析应用	企业	讲解示范小组协作实践	2
人工智能与边缘计算系统联合应用	①能够利用工业云平台人工智能模型分析输出产线优化方案；②能够利用人工智能和边缘计算系统实现产线动态升级	①工业云平台人工智能的模式优化应用；②工业云平台人工智能与边缘计算系统的通信与对接；③产线动态升级应用	企业	讲解示范小组协作实践	3

考核方式：项目综合考核

预期成果	考核评价要求
基于智能化边缘计算系统的生产线改造升级方案	考核内容包括作品和分享展示及回答问题两个部分。作品要求以小组为单位，自主选择智能化边缘计算系统搭建方式、设备和工业云平台服务，设计用于装备制造企业传统生产线智能化升级改造的智能化边缘计算系统建设、集成方案，能充分应用工业云平台、人工智能技术优化生产安排和进度，提升生产效率和产品良率。分享展示及回答问题要求能简明、清晰地汇报改造方案目的、可行性分析、技术性能指标、经济性评价、安全性指标、可靠性评价等内容，回答考核专家提出的问题正确，语言较流畅，逻辑性强

3.模块三：专业教学能力

本模块主要包括行业企业调研、典型工作任务分析、课程体系开发、教学资源开发、教学能力训练等方面的内容。

（1）项目3-1：行业企业调研。

行业企业调研的培训主要包括：制定行业企业调研方案、组织与实施调研活动、分析调研资料、撰写调研报告等内容，具体培训内容及方式见表6-18。

表6-18　行业企业调研培训任务及要求一览表

项目3-1：行业企业调研

任务描述：通过制定行业企业调研方案、组织与实施行业企业调研活动、分析调研资料、撰写行业企业调研报告等内容培训，让学员掌握制定行业企业调研方案、组织与实施行业企业调研活动、撰写行业企业调研报告的方法和技巧。学员能够根据调研目的科学制定行业企业调研方案、有效组织与实施行业企业调研活动、撰写行业企业调研报告，具备实施行业企业调研的能力。

培训时量：7天

培训任务	培训目标	训练内容	培训地点	培训形式	培训时量/天
制定行业企业调研方案	①能科学设计行业企业调研问卷；②能科学制定行业企业调研方案；③能够做好调研的准备工作	①调研目的、调研对象、调研方式、调研内容等调研要素的确定；②调研问卷内容、设计方法和技巧；③调研方法选择及组织抽样调查；④调研方案的设计	学校	讲授+实践	1
组织与实施调研活动	①能够根据制定的调研方案，选择或开发合适的调研工具；②能有序地组织实施调研活动；③能够灵活应对调研活动中的突发问题	①调研工具选择与开发；②线上、线下调研活动组织与实施的流程；③调研活动中的突发问题处理；④调研资料收集	学校+企业	讲授+实践	3

续表 6-18

培训任务	培训目标	训练内容	培训地点	培训形式	培训时量/天
分析调研资料	①能够准确整理调研的数据；②对收集的数据进行整理和分析	①调研资料的整理；②调研资料的分析	学校	讲授＋实践	2
撰写调研报告	能科学、规范地撰写调研报告	①调研报告的格式；②调研报告的撰写方法；③调研报告撰写的注意事项	学校	讲授＋实践	1

考核方式：项目综合考核

预期成果	考核评价要求
调研方案	①调研方案要素齐全、体例规范、安排合理；②调研成员合理、调研目标和对象明确、调研内容能够达到目标要求；③调研问卷有效，符合调研目标要求；调研组织过程安排合理，能够实施
调研工具	①能够按照要求制定针对企业管理者、岗位骨干和毕业生的调研问卷；②能够按照要求制定针对学校管理者、骨干教师的调研问卷；能够按照要求制定针对行业专家访谈提纲等；③调研问卷或访谈提纲的格式规范，内容科学，与调研目标匹配；④问卷的呈现形式与调研方法匹配
调研报告	①调研报告内容全面、科学，格式规范，语句通顺，能够客观、真实反映调研情况；调研收集的资料全面、有效；②调研资料整理及时、分析准确，能真实反映并支撑调研目标；③调研结果呈现客观、真实，分析方法正确；调研结论提炼到位

（2）项目 3-2：典型工作任务分析。

典型工作任务分析的培训主要包括：制订实践专家访谈会方案、组织实践专家访谈会、实践专家访谈会的总结等内容，具体培训内容及方式见表 6-19。

表 6-19　典型工作任务分析培训任务及要求一览表

项目 3-2：典型工作任务分析

任务描述：通过制定实践专家访谈会方案、组织实践专家访谈会、实践专家访谈会的总结等内容培训，让学员掌握典型工作任务的内涵和分析典型工作任务的方法。学员能够制订实践专家访谈会方案、专家邀请函，组织一次实践专家访谈会；根据访谈会上的成果，分析自动化类(电气自动化技术、机电一体化技术、工业机器人技术)专业典型工作任务，并形成实践专家访谈会的会议纪要

培训时量：5 天

培训任务	培训目标	训练内容	培训地点	培训形式	培训时量/天
制定实践专家访谈会方案	①制定实践专家访谈会方案，为相关专家发放邀请函；②准备好会议日程、主持人、场地和相关设备、材料等	①自动化类(电气自动化技术、机电一体化技术、工业机器人技术)专业目标岗位确定；②实践专家访谈会的方案制订；③邀请函的制订与发放	学校+企业	讲授+实践	1
组织实践专家访谈会	①能完成典型工作任务分析；②能够根据实践专家访谈会的会议日程组织会议；③能够分析出自动化类(电气自动化技术、机电一体化技术、工业机器人技术)专业典型工作任务	①实践专家访谈会会议日程安排；②实践专家访谈会的组织方法；③典型工作任务的分析与归纳方法	学校+企业	讲授+实践	2

续表 6-19

培训任务	培训目标	训练内容	培训地点	培训形式	培训时量/天
实践专家访谈会的总结	①能够总结实践专家访谈会的成果，形成和描述自动化类(电气自动化技术、机电一体化技术、工业机器人技术)专业典型工作任务；②能够形成实践专家访谈会的会议纪要	①自动化类(电气自动化技术、机电一体化技术、工业机器人技术)专业典型工作任务的描述方法；②实践专家访谈会的会议纪要的撰写	学校+企业	讲授+实践	2

考核方式：项目综合考核

预期成果	考核评价要求
专家访谈会方案	①访谈方案的格式规范，要素齐全，职责分明，经费预算合理；②会议通知清晰明了，日程安排合理；③邀请函、证件、资料、场地、设备等的准备及要求具体
专业典型工作任务及分析报告	①典型工作任务的数据分析准确，结论提炼到位，能支撑自动化类(电气自动化技术、机电一体化技术、工业机器人技术)专业课程体系和课程内容结构；②对典型工作任务的分析及描述客观、规范，使用专业术语
实践专家访谈会会议纪要	①会议纪要的格式规范，要素齐全；②内容能够反映实践专家访谈会的概貌；③对会议形成观点的提炼客观、真实

(3)项目 3-3：课程体系开发。

课程体系开发的培训主要包括：构建基于工作过程导向模块化课程体系、制定核心课程标准、实践课程标准制订等内容。具体培训内容及方式见表 6-20。

表 6-20　课程体系开发培训任务及要求一览表

项目 3-3：课程体系开发

任务描述：通过构建基于工作过程导向的模块化课程体系、制定核心课程标准、实践课程标准制订等内容培训，让学员掌握自动化类(电气自动化技术、机电一体化技术、工业机器人技术)专业目标岗位分析、职业能力分析与转换、基于工作过程导向开发"课证融通"课程的思路流程和方法。学员能够融入职业技能等级标准("X"证书)科学构建基于工作过程导向模块化课程体系、开发或优化 1 门核心课程的核心课程标准

培训时量：9 天

培训任务	培训目标	训练内容	培训地点	培训形式	培训时量/天
构建基于工作过程导向的模块化课程体系	①能够根据自动化类(电气自动化技术、机电一体化技术、工业机器人技术)专业调研结果，进行目标岗位、职业能力分析；②能融入职业技能等级标准("X"证书)科学构建基于工作过程导向模块化课程体系	①目标岗位分析；②职业能力分析；③基于工作过程导向开发模块化课程原则、思路、流程和方法；④融入"工业机器人应用编程"等职业技能等级标准("X"证书)构建"课证融通"模块化课程；⑤根据学生特点和职业成长规律构建模块化课程体系	学校+企业	讲授+实践	4
制定核心课程标准	①能根据岗位能力的要求，确定核心课程内容；②能制定 1 门专业核心课程标准	①典型工作任务转化为课程内容的方法；②岗位能力与课程内容的确定；③制定 1 门专业核心课程标准	学校+企业	讲授+实践	3

续表 6-20

培训任务	培训目标	训练内容	培训地点	培训形式	培训时量/天
实践课程标准制订	①能将典型工作任务技能要求转化为实践教学内容；②能重构实践教学体系或实践课程标准	①典型工作任务技能要求与实践教学内容的转化；②制定1门实践课程的课程标准	学校+企业	讲授+实践	2

考核方式：项目综合考核

预期成果	考核评价要求
"课证融通"课程体系	①基于调研结果，目标岗位分析过程科学，岗位确定符合自动化类（电气自动化技术、机电一体化技术、工业机器人技术）专业定位和特色；②职业能力分析过程科学，能力结构符合培养目标和岗位胜任力要求；③优化或重构的课程体系逻辑关系清晰，符合新型模块化课程结构要求，课程结构设计合理，课程之间边界清晰、无交叉或重复设置课程，课程能够满足主要岗位胜任力的培养要求
课程标准	①课程标准文本规范，格式体例符合要求；②课程培养目标明确，培养规格符合岗位胜任力要求；③课程内容能准确对接相应工作岗位典型工作任务要求；④教学模式或方法对接实际工作岗位工作方法或流程，课程评价方法和保障措施明确，能够满足课程教学需要
实践课程标准	①实践教学内容符合自动化类（电气自动化技术、机电一体化技术、工业机器人技术）专业典型工作任务的实践能力要求；②实践课程设置科学、合理、符合专业特点和学生认知规律；③实践课程标准文本规范，格式符合要求；④培养目标和培养规格明确，教学内容对接岗位典型工作任务要求，教学模式、评价方法、教学保障等符合课程教学要求

（4）项目3-4：教学资源开发。

教学资源开发的培训主要包括：专业资源的归集与分类、教学案例开发、教学资源设计与开发等内容，具体培训内容及方式见表6-21。

表 6-21　教学资源开发培训任务及要求一览表

项目 3-4：教学资源开发

任务描述：通过收集整理企业资源、开发教学资源等内容培训，让学员掌握根据收集整理的企业资源开发教学资源的方法。学员能够根据自己任教课程的教学需要，搜集整理企业文化、企业新技术、企业新产品、企业生产案例、企业标准等资料；根据任教课程所对应工作岗位的典型工作任务，开发教学案例，优化课程教案，开发信息化教学资源

培训时量：7 天

培训任务	培训目标	训练内容	培训地点	培训形式	培训时量/天
专业资源的归集与分类	能收集与整理自动化类（电气自动化技术、机电一体化技术、工业机器人技术）专业教学资源	①教学资源的收集与分类；②岗位典型工作任务的教学资源开发	学校+企业	讲授+实践	3
教学案例开发	能够开发基于工作过程系统化的教学案例	①工作过程系统化教学案例的开发；②自动化类（电气自动化技术、机电一体化技术、工业机器人技术）专业某岗位教学案例开发	学校+企业	讲授+实践	2
教学资源设计与开发	能够根据教学需要，开发满足典型工作任务教学的信息化教学资源	①信息化教学资源开发的方法；②基于典型工作任务的信息化教学资源设计与开发	学校+企业	讲授+实践	2

考核方式：项目综合考核

预期成果	考核评价要求
教学案例	①教学案例数量合适，能够满足一门课程教学需要；②案例的格式、体例符合要求；案例源于自动化类（电气自动化技术、机电一体化技术、工业机器人技术）专业工作实际岗位，同时符合课程教学目标达成的需要
信息化教学资源	①教学资源设计科学、类型合适、数量充足；②能够满足线上线下教学和考核评价的需求

（5）项目3-5：教学能力训练。

教学能力训练的培训主要包括：优化教学设计、教学组织与实施、教学评价、教学反思与诊改等内容。具体培训内容及方式见表6-22。

表6-22 教学能力训练培训任务及要求一览表

项目3-5：教学能力训练

任务描述：通过优化教学设计、教学组织与实施、教学评价、教学反思与诊改等内容培训，让学员掌握教学设计、实施、评价、反思的内涵和方法。学员能根据企业实践的积累，完成一次课的教学设计，组织课堂教学，实施教学评价，并进行教学反思和诊改

培训时量：7天

培训任务	培训目标	训练内容	培训地点	培训形式	培训时量/天
优化教学设计	能够完成一次课的教学设计，规范书写教案，并做好上课前的准备	①教学设计的理论基础；②教学内容与目标、教学方法与组织、教学评价的设计；③教案的书写	学校+企业	讲授+实践	2
教学组织与实施	能够按照教学设计实施20~30分钟的片段教学	①教学导入的技巧；②教学模式与方法；③教学组织及艺术	学校+企业	讲授+实践	2
教学评价	能够根据教学设计，实施教学评价	①教学评价的方法；②教学评价的实施与策略	学校+企业	讲授+实践	1
教学反思与诊改	能够在课后对目标达成、教学实施等进行反思	①教学反思的种类；②教学反思的书写；③教学反思的应用	学校+企业	讲授+实践	2

考核方式：项目综合考核

续表6-22

预期成果	考核评价要求
教案	①教案应包括授课信息、任务目标、学情分析、活动安排、课后反思等教学基本要素； ②教案设计合理、重点突出、规范完整、详略得当，能够有效指导教学活动的实施； ③教案能侧重体现具体的教学内容及处理、教学活动及安排
现场无学生教学片段展示或视频	①现场教学充分展现新时代职业院校教师良好的师德师风、教学技能和信息素养； ②教学态度认真、严谨规范、表述清晰、亲和力强； ③引导学生树立正确的理想信念、学会正确的思维方法、培育正确的劳动观念、增强学生职业荣誉感； ④能够创新教学模式，给学生深刻的学习体验；能够与时俱进地提高信息技术应用能力、教研科研能力

4. 模块四：专业发展能力

（1）项目4-1：应用技术研究。

应用技术研究的培训主要包括：非标设备研发项目需求分析和可行性研究、非标设备设计与制作、非标设备材料整理与汇报等内容，具体培训任务及要求见表6-23。

表6-23　应用技术研究培训任务及培训要求一览表

项目4-1：应用技术研究
任务描述：通过完成应用技术研究的学习，使学员掌握非标设备软硬件设备选型及开发的相关知识，让学员具备非标产品设计及相关文件编制能力
培训时量：7天

续表 6-23

培训任务	培训目标	训练内容	培训地点	培训形式	培训时量/天
非标设备研发项目需求分析和可行性研究	能够根据智能产线和工业机器人集成应用的相关知识，完成非标设备研发需求分析和可行性研究	①非标设备参观、现场讨论；②非标设备设计技术、成本及效益分析；③可行性研究报告编制	企业	讲解示范小组协作实践	2
非标设备设计与制作	能够完成非标设备的方案设计，并指导非标生产	①非标设备方案设计；②非标产线中设备选型，技术参数制定，相关配套软件选型；③三维软件设计非标方案；④根据客户需求指导非标设备生产	企业	讲解示范小组协作实践	3
非标设备材料整理与汇报	能够完成非标设备的相关技术文件的整理，并完成设备设计方案说明书的编制	①非标设备技术方案、机械和电气原理图、相关制造图纸、设备使用说明书等文件收集整理；②非标自动化设备设计方案说明书结构、内容及编写要求	企业	讲解示范小组协作实践	2

考核方式：项目综合考核

预期成果	考核评价要求
非标自动化设备设计说明书	考核内容包括作品和分享展示及回答问题两个部分。作品要求非标设备自动化设计方案说明书结构清晰，描述准确，内容完整；方案设计客观可行、性价比较高，技术路线条理清晰、逻辑性强，机械和电气功能模块划分准确；方案比较、研究分析到位，电气原理图、安装图纸设计完善，绘制规范，技术上具备先进性，有一定的创新，方案实施能有效提高生产效率。分享展示及回答问题要求能简明、清晰地陈述设计方案的总体思路、技术路线以及具备的优势和创新点，回答考核专家提出的问题正确，语言较流畅，逻辑性强

（2）项目4-2：社会服务。

社会服务的培训主要包括：非标设备的现场应用、非标设备的推广使用等内容，具体培训任务及要求见表6-24。

表6-24 社会服务培训任务及培训要求一览表

项目4-2：社会服务

任务描述：通过社会服务学习，让学员掌握非标设备现场应用、推广使用等知识，具备根据用户需求，编制设备推广策划方案的能力

培训时量：5天

培训任务	培训目标	训练内容	培训地点	培训形式	培训时量/天
非标设备的现场应用	能够对接设备应用企业，了解设备的应用情况和用户的实际需求	①调研2~3个非标设备应用企业；②应用情况和用户需求情况信息整理和分析方法	企业	讲解示范小组协作实践	3
非标设备的推广使用	能够根据生产企业客户需求，进行非标设备的推广	①非标设备推广方案结构、内容及编写要求；②非标设备的推广策划	企业	讲解示范小组协作实践	2

考核方式：项目综合考核

预期成果	考核评价要求
非标设备推广策划方案	考核内容包括作品和分享展示及回答问题两个部分。作品要求非标设备推广策划方案框架清晰合理，描述准确；调研数据挖掘充分，调研结果分析针对性强；方案的可操作性和可靠性强，体现一定的先进性；分析方案与同类产品的比较性优势，以及产生的经济效益和社会影响。分享展示及回答问题要求能简明、清晰地陈述非标设备推广策划方案的总体思路，进行可行性分析和效益分析；回答考核专家提出的问题正确，语言较流畅，逻辑性强

七、培训形式与组织实施

（一）培训形式

自动化类（电气自动化技术、机电一体化技术、工业机器人技术）专业教师企业实践的形式，包括到企业考察观摩、接受企业组织的技能培训、在企业的生产和管理岗位兼职或任职、参与企业产品研发和技术创新等。高职高专院校应与培训企业共同商定，将组织教师企业实践与学生实习有机结合、有效对接，安排教师有计划、有针对性地进行企业实践，同时协助企业管理、指导学生实习。不同年资的教师企业实践的形式可各不相同，鼓励探索教师企业实践的多种实现形式。

（二）培训实施方案

教师可根据自己任教课程和专业发展需求进行培训项目的选择，按照 5 年 6 个月的要求进行模块任务的组合训练。其中职业素养模块、岗位核心能力模块中的岗位核心技术项目和岗位新技术项目、专业教学能力模块、专业发展能力模块为必修模块。岗位核心能力模块中的岗位基本技术项目由参训学员在 3 个培训项目中选择 2 个项目进行培训。以下方案可供参考（表中编号对应表 6-1）。

方案：1 年内完成 6 个月的企业实践，见表 7-1。

表 7-1　培训方案一

适用专业	培训内容
	第 1 年
电气自动化技术	职业素养模块（1-1、1-2、1-3、1-4）； 岗位核心能力模块中岗位基本技术项目三选二进行培训（2-1-1、2-1-2、2-1-3）；岗位核心技术项目（2-2-1、2-2-2、2-2-3、2-2-8）；岗位新技术项目（2-3-1）； 专业教学能力模块（3-1、3-2、3-3、3-4、3-5）； 专业发展能力模块（4-1、4-2）

续表7-1

适用专业	培训内容
	第1年
机电一体化技术	职业素养模块(1-1、1-2、1-3、1-4); 岗位核心能力模块中岗位基本技术项目三选二进行培训(2-1-1、2-1-2、2-1-3);岗位核心技术项目(2-2-1、2-2-4、2-2-5、2-2-8);岗位新技术项目(2-3-1); 专业教学能力模块(3-1、3-2、3-3、3-4、3-5); 专业发展能力模块(4-1、4-2)
工业机器人技术	职业素养模块(1-1、1-2、1-3、1-4); 岗位核心能力模块中:岗位基本技术项目三选二进行培训(2-1-1、2-1-2、2-1-3);岗位核心技术项目(2-2-1、2-2-6、2-2-7、2-2-8);岗位新技术项目(2-3-1); 专业教学能力模块(3-1、3-2、3-3、3-4、3-5); 专业发展能力模块(4-1、4-2)

方案二:2年完成6个月的企业实践,见表7-2。

表7-2　培训方案二

适用专业	培训内容	
	第1年	第2年
电气自动化技术	职业素养模块(1-1、1-2); 岗位核心能力模块中岗位基本技术项目三选二进行培训(2-1-1、2-1-2、2-1-3);岗位核心技术项目(2-2-1、2-2-2、2-2-3); 专业教学能力模块(3-1、3-2、3-3)	职业素养模块(1-3、1-4); 岗位核心技术项目(2-2-8); 岗位新技术项目(2-3-1); 专业发展能力模块(4-1、4-2); 专业教学能力模块(3-4、3-5)
机电一体化技术	职业素养模块(1-1、1-2); 岗位核心能力模块中岗位基本技术项目三选二进行培训(2-1-1、2-1-2、2-1-3);岗位核心技术项目(2-2-1、2-2-4、2-2-5); 专业教学能力模块(3-1、3-2、3-3)	职业素养模块(1-3、1-4); 岗位核心技术项目(2-2-8); 岗位新技术项目(2-3-1); 专业发展能力模块(4-1、4-2); 专业教学能力模块(3-4、3-5)

续表7-2

适用专业	培训内容	
	第1年	第2年
工业机器人技术	职业素养模块(1-1、1-2);岗位核心能力模块中岗位基本技术项目三选二进行培训(2-1-1、2-1-2、2-1-3);岗位核心技术项目(2-2-1、2-2-6、2-2-7);专业教学能力模块(3-1、3-2、3-3)	职业素养模块(1-3、1-4);岗位核心技术项目(2-2-8);岗位新技术项目(2-3-1);专业发展能力模块(4-1、4-2);专业教学能力模块(3-4、3-5)

方案三：3年完成6个月的企业实践，见表7-3。

表7-3　培训方案三

适用专业	培训内容		
	第1年	第2年	第3年
电气自动化技术	职业素养模块(1-1、1-2);岗位核心能力模块中岗位基本技术项目三选二进行培训(2-1-1、2-1-2、2-1-3);岗位核心技术项目(2-2-1);专业教学能力模块(3-1、3-2)	职业素养模块(1-3、1-4);岗位核心技术项目(2-2-2、2-2-3);岗位新技术项目(2-3-1);专业教学能力模块(3-3)	岗位核心技术项目(2-2-8);专业发展能力模块(4-1、4-2);专业教学能力模块(3-4、3-5)
机电一体化技术	职业素养模块(1-1、1-2);岗位核心能力模块中岗位基本技术项目三选二进行培训(2-1-1、2-1-2、2-1-3);岗位核心技术项目(2-2-1);专业教学能力模块(3-1、3-2)	职业素养模块(1-3、1-4);岗位核心技术项目(2-2-4、2-2-5);岗位新技术项目(2-3-1);专业教学能力模块(3-3)	岗位核心技术项目(2-2-8);专业发展能力模块(4-1、4-2);专业教学能力模块(3-4、3-5)

续表7-3

适用专业	培训内容		
	第1年	第2年	第3年
工业机器人技术	职业素养模块(1-1、1-2);岗位核心能力模块中岗位基本技术项目三选二进行培训(2-1-1、2-1-2、2-1-3);岗位核心技术项目(2-2-1);专业教学能力模块(3-1、3-2)	职业素养模块(1-3、1-4);岗位核心技术项目(2-2-6、2-2-7);岗位新技术项目(2-3-1);专业教学能力模块(3-3)	岗位核心技术项目(2-2-8);专业发展能力模块(4-1、4-2);专业教学能力模块(3-4、3-5)

方案四：4年完成6个月的企业实践，见表7-4。

表7-4　培训方案四

适用专业	培训内容			
	第1年	第2年	第3年	第4年
电气自动化技术	职业素养模块(1-1);岗位核心能力模块中岗位基本技术项目三选二进行培训(2-1-1、2-1-2、2-1-3);专业教学能力模块(3-1、3-2)	岗位核心技术项目(2-2-1、2-2-2、2-2-3);	职业素养模块(1-2、1-3、1-4);岗位新技术项目(2-3-1);专业发展能力模块(4-1、4-2);专业教学能力模块(3-3)	岗位核心技术项目(2-2-8);专业教学能力模块(3-4、3-5)
机电一体化技术	职业素养模块(1-1);岗位核心能力模块中岗位基本技术项目三选二进行培训(2-1-1、2-1-2、2-1-3);专业教学能力模块(3-1、3-2)	岗位核心技术项目(2-2-1、2-2-4、2-2-5)	职业素养模块(1-2、1-3、1-4);岗位新技术项目(2-3-1);专业发展能力模块(4-1、4-2);专业教学能力模块(3-3)	岗位核心技术项目(2-2-8);专业教学能力模块(3-4、3-5)

续表7-4

适用专业	培训内容			
	第1年	第2年	第3年	第4年
工业机器人技术	职业素养模块(1-1);岗位核心能力模块中岗位基本技术项目三选二进行培训(2-1-1、2-1-2、2-1-3);专业教学能力模块(3-1、3-2)	岗位核心技术项目(2-2-1、2-2-6、2-2-7)	职业素养模块(1-2、1-3、1-4);岗位新技术项目(2-3-1);专业发展能力模块(4-1、4-2);专业教学能力模块(3-3)	岗位核心技术项目(2-2-8);专业教学能力模块(3-4、3-5)

方案五：5年完成6个月的企业实践，见表7-5。

表 7-5　培训方案五

适用专业	培训内容				
	第1年	第2年	第3年	第4年	第5年
电气自动化技术	岗位核心能力模块中岗位基本技术项目三选二进行培训(2-1-1、2-1-2、2-1-3);专业教学能力模块(3-1、3-2)	职业素养模块(1-1、1-2);岗位核心技术项目(2-2-2、2-2-3)	岗位核心技术项目(2-2-1);岗位新技术项目(2-3-1);专业教学能力模块(3-3)	岗位核心技术项目(2-2-8);	职业素养模块(1-3、1-4);专业发展能力模块(4-1、4-2);专业教学能力模块(3-4、3-5)
机电一体化技术	岗位核心能力模块中岗位基本技术项目三选二进行培训(2-1-1、2-1-2、2-1-3);专业教学能力模块(3-1、3-2)	职业素养模块(1-1、1-2);岗位核心技术项目(2-2-4、2-2-5)	岗位核心技术项目(2-2-1);岗位新技术项目(2-3-1);专业教学能力模块(3-3)	岗位核心技术项目(2-2-8);	职业素养模块(1-3、1-4);专业发展能力模块(4-1、4-2);专业教学能力模块(3-4、3-5)

续表7-5

适用专业	培训内容				
	第1年	第2年	第3年	第4年	第5年
工业机器人技术	岗位核心能力模块中岗位基本技术项目三选二进行培训(2-1-1、2-1-2、2-1-3);专业教学能力模块(3-1、3-2)	职业素养模块(1-1、1-2);岗位核心技术项目(2-2-6、2-2-7)	岗位核心技术项目(2-2-1);岗位新技术项目(2-3-1);专业教学能力模块(3-3)	岗位核心技术项目(2-2-8);	职业素养模块(1-3、1-4);专业发展能力模块(4-1、4-2);专业教学能力模块(3-4、3-5)

(三)组织实施

(1)培训时间要求。高职高专院校专业课教师(含实习指导教师)要根据专业特点每5年累计不少于6个月到企业或生产服务一线实践,没有企业工作经历的新任教师应先实践再上岗。公共基础课教师也应定期到企业进行考察、调研和学习。

(2)培训任务要求。高职高专院校教师应在5年时间内,完成本培训指南规定的6个月实践的培训任务,教师可以根据学校和个人实际情况,安排每次实践的时间和选择培训的项目。高职高专院校要会同企业结合教师专业水平制订企业实践方案,根据教师教学实践和教研科研需要,确定不同年资教师企业实践的重点内容,解决教学和科研中的实际问题。

(3)培训效果要求。教师企业实践结束后,学校应会同企业共同对教师的实践情况进行考核评价。教师应及时对企业实践情况进行总结,把企业实践收获转化为教学资源和教学能力,推动教育教学改革与产业转型升级衔接配套。

八、培训考核与评价

高职高专院校专业教师企业实践的考核根据培训的项目和任务进行，教师可以根据每年进行企业实践的时间选择模块组合，考核根据选择的实践项目和任务情况进行。

（一）过程考核

过程考核分训练项目进行，职业素养、专业教学能力、专业发展能力模块的每个训练项目的考核内容包括学习纪律与态度、职业素养、项目作品三个方面，其中，各项目学习纪律与学习态度、职业素养的考核要求与评价标准相同，项目作品根据任务情况不同其考核要求和评价标准不同。岗位核心能力模块的每个训练项目的考核内容包括学习纪律与学习态度、职业素养、操作规范、项目作品四个方面，其中，各项目学习纪律与学习态度、职业素养的考核要求与评价标准相同，各项目操作规范、作品(产品、服务项目、方案等)根据任务情况不同其考核要求与评价标准不同。

（二）结业考核

结业考核重点考察学员将企业实践能力转化为教学能力的情况。学员可自选一门课程或一个教学单元，吸纳企业实践中所学习的知识和技能，按照成果导向或工作过程系统化理念，优化课程整体设计和单元设计，重点完成一个项目或一次课的教学设计，并准备完成本项目或本次课教学需要的教学资源。结业考核要求与评价标准见附表45。

（三）考核成绩确定

考核总成绩按百分制评定。考核总成绩由过程考核成绩与结业考核成绩两部分构成，其中，过程考核成绩占总成绩的60%，结业考核成绩占总成绩的40%。过程考核成绩中，学习态度与学习纪律、操作规范和职业素养占总成绩的 20%，作品(产品、服务项目、方案等)占总成绩的 40%。结业考核成绩按照评分标准进行评分。过程考核及结业考核成绩均合格，方能认定考核成绩合格。

学员在培训期间，出现严重违纪及安全责任事故等情况，考核总成绩为不合格。

九、培训条件与保障

（一）培训组织保障

（1）成立高职高专院校专业教师企业实践培训与考核工作领导小组，以培训基地院校的院（校）长为组长，主管培训和后勤的副院（校）长为副组长，相关职能部门和二级学院负责人为成员，对培训工作进行组织领导、检查督导，确保培训质量。

（2）明确培训工作管理机构，配备培训教学专职管理人员和班主任，负责全程管理培训教学和学员的生活；协调解决培训学员学习、生活中遇到的问题，确保培训任务顺利完成。

（3）制定培训计划管理、培训过程管理、培训质量管理、培训师资管理、考核组织管理、培训成绩管理、培训档案管理、学员生活管理等管理制度，并严格执行。

（4）制定安全事故、突发疾病、食品卫生、疫情防控等应急预案，防范各类安全事故发生；为培训学员购买安全事故保险，最大限度降低安全事故损失。

（二）教学条件保障

1.职业素养模块

（1）培训师资要求。

培训教师来自企业和高职高专院校，具有中级及以上职称，具备良好的思想政治素质、职业道德和工匠精神，熟悉现代制造业企业生产运行流程和岗位工作流程，具备丰富的行业企业6S管理和安全生产管理经验，"双创"能力强，能承担培训指导任务。

（2）设施设备要求。

培训教室2间，配备多媒体计算机、投影设备、白板，接入互联网（有线或无线），安装应急照明装置，并保持良好状态，符合紧急疏散要求、标志明显、保持逃生通道畅通无阻。

（3）合作企业要求。

合作企业要求为具有智能产线的装备制造类大中型企业，设施齐全、技术先进，能够提供自动化类（电气自动化技术、机电一体化技术、工业机器人技术）专业领域教师顶岗实践岗位，同时具有职能健全的培训部门、完善的培训体系和职业教育培训经验，指导教师充足，管理及实施规章制度齐全；能面向职业院校提供技术技能、生产管理等专业化培训及案例资源转化、培训教材开发、产教融合等知识产品与服务的能力。

企业要有完善的职业素养培训体系，具备完备的职业素养评价体系，且运行良好，保证培训工作的有效落地。

2. 岗位核心能力模块

（1）培训师资要求。

培训教师来自企业和高职高专院校，具有中级及以上职称，具备良好的职业道德和工匠精神，精通控制电机技术、工业视觉技术、工业网络技术在装备制造行业企业中的应用，在数控机床升级改造、自动化设备安装与维修、智能生产线运营维护、工业机器人操作与编程、装调与维修、系统集成等领域内具有较强的工程实践能力，能承担培训指导任务。

（2）设施设备要求。

设施设备要求具备成套自动化生产线、数控维修平台和智能制造应用平台；10台套以上西门子技术应用平台、自动化创新平台、工业网络组件与调试装置、工业机器人工作站、工业机器人装调与应用编程平台；培训教室2间，配备多媒体计算机、投影设备、白板，接入互联网（有线或无线）。

（3）合作企业要求。

合作企业要求为具有智能产线的装备制造类大中型企业，设施齐全、技术先进，能够提供自动化类（电气自动化技术、机电一体化技术、工业机器人技术）专业领域教师顶岗实践岗位，指导教师充足，管理及实施规章制度齐全；具有面向职业院校提供技术技能、生产管理等专业化培训及案例资源转化、培训教材开发、产教融合等知识产品与服务的能力。

企业要有成熟的自动化类专业技术技能培训体系，具备完备的岗位技术培训评价体系，且运行良好，保证培训工作的有效落地。

3. 专业教学能力模块

（1）培训师资要求。

培训教师来自企业和高职高专院校，具备良好的思想政治素质、职业道德和工匠精神，具有扎实的自动化类(电气自动化技术、机电一体化技术、工业机器人技术)专业领域知识和丰富的实际工作经验，具有中级及以上职称；具有信息化教学能力，能承担培训指导任务。

（2）设施设备要求。

培训教室2间，配备多媒体计算机、投影设备、白板，接入互联网(有线或无线)，安装应急照明装置，并保持良好状态，符合紧急疏散要求、标志明显、保持逃生通道畅通无阻。

（3）合作企业要求。

合作企业要求为具有智能产线的装备制造类大中型企业，设施齐全、技术先进，管理及实施规章制度齐全；具有职能健全的培训部门，完善的培训体系和职业教育培训经验，指导教师充足，具有面向职业院校提供课程体系开发、技术标准开发、案例实训项目开发、教学资源转化等知识产品与服务的能力。

企业要有成熟的教学能力培训体系，具备完备的教学能力培训评价体系，且运行良好，保证培训工作的有效落地。

4. 专业发展能力模块

（1）培训师资要求。

来自企业的培训教师2名，具备副高以上职称，有较高的专业造诣，有一定的创新创业能力、开拓进取精神和非标设备开发能力，主持或参与过非标设备项目研发、产品技术改造项目，熟悉非标产品和设备应用推广流程。

（2）设施设备要求。

培训教室2间，配备多媒体计算机、投影设备、白板，接入互联网(有线或无线)，安装应急照明装置，并保持良好状态，符合紧急疏散要求、标志明显、保持逃生通道畅通无阻。

（3）合作企业要求。

合作企业要求为装备制造类大中型企业，设施齐全、技术先进，非标设备产品研发项目经验丰富；要求具有职能健全的培训部门，完善的培训体系和职业教育培训经验，具有面向职业院校提供应用技术研究、社会服务等知识产品与服务的能力。

企业要有成熟的应用技术研究与社会服务培训体系，具备完备的培训评价体系，且运行良好，保证培训工作的有效落地。

(三) 后勤生活保障

1. 餐饮服务

合作企业具有容纳 80 人以上的单位食堂,能够提供营养丰富、可靠、令人满意的饭菜,提供用餐器具,食品卫生符合要求,并提供整洁、便捷、舒适的就餐环境。

2. 住宿条件

住宿条件为宾馆标准间(相当于三星级酒店标准);可提供 20 套以上双人标准间,每间标间配备单人床两张和相应的床上用品,宿舍内安装有空调、有线电视、宽带,并配有独立卫生间,淋浴,24 小时热水,专人卫生清理服务。

3. 现场防护

在企业实践培训期间,能够配备相应的劳保用品,切实保证企业实践培训学员培训工作安全顺利地完成。

4. 医疗保障

合作企业能够提供专业的医疗保障服务,预防突发事件的发生,确保发生意外情况时,能够提供及时、有效的医疗保障。

5. 培训管理

合作企业能够安排一位班主任,负责对接学员生活和学习规划;在课余时间,能够组织学员开展丰富多彩的文化娱乐活动,通过这些活动的开展,丰富学员文化生活,陶冶员工情操,稳定学员队伍,营造朝气蓬勃、奋发向上的文化氛围。

6. 交通保障

如果生活区与工作区距离太远,基于培训实践时间安排,合作企业应能够根据学员数量提供舒适的通勤班车接送学员,确保培训工作的顺利进行。

附录 技能考核项目及样题

附录一 技能考核项目

自动化类(电气自动化技术、机电一体化技术、工业机器人技术)专业教师企业实践培训各模块的技能考核项目见附表1。

附表1 各模块技能考核项目一览表

培训模块	培训项目	技能考核项目	考核时间/分钟
1.职业素养	1-1 企业文化	JN1-1-1 企业文化学习心得	10
	1-2 企业制度	JN1-2-1 企业制度学习心得	10
	1-3 岗位规范	JN1-3-1 岗位分析报告	15
	1-4 政策法规	JN1-4-1 政策法规学习心得	10
2.岗位核心能力	2-1 岗位基本技术	JN2-1-1 小型运动控制系统安装与调试	180
		JN2-1-2 工件参数测量视觉系统构建	180
		JN2-1-3 工业机器人组装电路板	120
	2-2 岗位核心技术	JN2-2-1 工业网络控制系统设计	120
		JN2-2-2 生产线电气线路安装与调试(电气自动化技术专业方向)	180
		JN2-2-3 生产线优化与升级(电气自动化技术专业方向)	180
		JN2-2-4 数控机床装调与检修(电气自动化技术专业方向)	180
		JN2-2-5 数控机床改造升级(电气自动化技术专业方向)	180
		JN2-2-6 工业机器人装配单元应用编程(电气自动化技术专业方向)	180
		JN2-2-7 工业机器人定期点检(电气自动化技术专业方向)	120
		JN2-2-8 工业机器人系统集成	180
	2-3 岗位新技术	JN2-3-1 基于智能化边缘计算系统生产线改造升级方案	30

续附表1

培训模块	培训项目	技能考核项目	考核时间/分钟
3.专业教学能力	3-1 行业企业调研	JN3-1-1 行业企业调研	30
	3-2 典型工作任务分析	JN3-2-1 典型工作任务分析	30
	3-3 课程体系开发	JN3-3-1 课程体系开发	30
	3-4 教学资源开发	JN3-4-1 教学案例开发	30
	3-5 教学能力培训	JN3-5-1 教学能力展示	30
4.专业发展能力	4-1 应用技术研究	JN4-1-1 非标自动化设备设计说明书	30
	4-2 社会服务	JN4-2-1 非标设备推广策划方案	30

附录二 操作流程与考核评分标准

（一）职业素养模块

1. JN1-1-1 企业文化学习心得（附表2）

附表2 企业文化学习心得考核评分标准

项目1-1：企业文化

考核时长：10分钟	考核地点：企业会议室	考核方式：资料审查+汇报展示

任务描述：根据所学内容，收集、整理企业文化的内涵、价值，联系社会实际或个人的思想、工作、教学实际，撰写企业文化学习心得，制作PPT进行汇报

操作设备：（1）投影仪；（2）电脑

操作材料：（1）PPT；（2）学习心得

评分标准

考核内容		考核点及评分要求	分值	扣分	得分	备注
文本资料（80分）	心得内容（50分）	心得体会必须是原创、首发	10			
		语句通顺、思路清晰	10			
		内容翔实、条理清晰、重点突出	10			
		与教学实际结合，写出所思所想	10			
		深入理解企业精神、核心价值观、宗旨	10			
	反思内容（30分）	符合实际教学工作需要	10			
		反思侧重具体的企业文化与实际教学结合	10			
		反思设计合理、重点突出、规范完整、详略得当	10			
汇报（20分）	汇报（15分）	能简明、清晰地陈述企业文化的内涵、价值	5			
		表达流畅，思路清晰，重点突出	5			
		PPT辅助表达，过程资料呈现清晰	5			
	回答问题（5分）	准确回答问题，语言流畅，逻辑性强	5			

2. JN1-2-1 企业制度学习心得(附表3)

附表3　企业制度学习心得考核评分标准

项目1-2：企业制度		
考核时长：10分钟	考核地点：企业会议室	考核方式：资料审查+汇报展示

任务描述：根据所学内容，收集、整理企业员工手册、企业管理制度、企业保密制度等，联系社会实际或个人的思想、工作、教学实际，撰写学习心得，制作PPT进行汇报

操作设备：(1)投影仪；(2)电脑

操作材料：(1)PPT；(2)学习心得

评分标准

考核内容		考核点及评分要求	分值	扣分	得分	备注
文本资料 (80分)	心得内容 (45分)	心得体会必须是原创、首发	10			
		语句通顺、思路清晰	10			
		内容翔实、条理清晰、重点突出	10			
		全面介绍企业员工手册内容与功能	5			
		深入理解企业管理制度、工作流程	5			
		掌握行业保密制度	5			
	反思内容 (35分)	符合实际教学工作需要	10			
		反思侧重将企业制度化管理模式和保密理念融入日常教学、科研管理的方法和途径的思考探索	15			
		反思设计合理、重点突出、规范完整、详略得当	10			
汇报 (20分)	汇报 (15分)	能简明、清晰地陈述企业组织结构、管理制度	5			
		表达流畅，思路清晰，重点突出	5			
		PPT辅助表达，过程资料呈现清晰	5			
	回答问题 (5分)	准确回答问题，语言流畅，逻辑性强	5			

3. JN1-3-1岗位分析报告(附表4)

附表4　岗位分析报告考核评分标准

项目1-3:岗位规范

考核时长:15分钟	考核地点:企业会议室	考核方式:资料审查+汇报展示

任务描述:根据所学内容,收集、整理装备制造业典型岗位规范、岗位职责、发展路径等,选择电气自动化技术、机电一体化技术或工业机器人技术专业面向岗位撰写岗位分析报告,制作PPT进行汇报

操作设备:(1)投影仪;(2)电脑

操作材料:(1)PPT;(2)岗位分析报告

评分标准

考核内容		考核点及评分要求	分值	扣分	得分	备注
文本资料 (80分)	基本要求 (30分)	报告要素齐全,内容翔实	10			
		报告语句通顺、思路清晰	10			
		报告内容符合装备制造业实际,能明确岗位职责	10			
	报告内容 (50分)	报告能明确岗位所要求的基本素养	10			
		报告能准确反映岗位发展路径	10			
		报告能反映岗位所需职业能力	10			
		报告能准确反映岗位生产技术规程	5			
		报告能反映岗位最需要的职业技能	10			
		能反映岗位的职业现状	5			
汇报 (20分)	汇报 (15分)	能简明、清晰地陈述岗位职责和生产技术规程	5			
		表达流畅,思路清晰,重点突出	5			
		PPT辅助表达,过程资料呈现清晰	5			
	回答问题 (5分)	准确回答问题,语言流畅,逻辑性强	5			

4. JN1-4-1 政策法规学习心得(附表5)

附表5 政策法规学习心得考核评分标准

项目1-4：政策法规		
考核时长：10分钟	考核地点：企业会议室	考核方式：资料审查+汇报展示

任务描述：根据所学政策法规内容，收集、整理装备制造业政策、行业发展前景，联系社会实际或个人的思想、工作实际，撰写学习心得，制作PPT进行汇报

操作设备：(1)投影仪；(2)电脑

操作材料：(1)PPT；(2)学习心得

评分标准						
考核内容		考核点及评分要求	分值	扣分	得分	备注
文本资料(80分)	心得内容(50分)	心得体会必须是原创、首发	10			
		语句通顺、思路清晰	10			
		内容翔实、条理清晰、重点突出	10			
		与教学实际结合，写出所思所想	10			
		深入理解装备制造业政策、发展前景	10			
	反思内容(30分)	符合实际教学工作需要	10			
		反思侧重政策法规与实际教学的结合	10			
		反思设计合理、重点突出、规范完整、详略得当	10			
汇报(20分)	汇报(15分)	能简明、清晰地陈述装备制造业政策法规	5			
		表达流畅，思路清晰，重点突出	5			
		PPT辅助表达，过程资料呈现清晰	5			
	回答问题(5分)	准确回答问题，语言流畅，逻辑性强	5			

（二）岗位核心能力模块

1. JN2-1-1 小型运动控制系统安装与调试（附表6）

附表6　小型运动控制系统安装与调试考核评分标准

项目2-1-1：小型运动控制系统开发

考核时长：180分钟	考核地点：企业	考核方式：实操

任务描述：根据小型运动控制系统功能和安装工艺等要求，正确完成自动加工装置电机的安装固定；正确完成电气线路的安装与测试，配置变频器、步进电机的参数，编写控制程序，完成装置的程序开发与调试；撰写材料清单和设备的操作手册

操作设备：（1）变频器、步进电机、PLC等器件；（2）电气控制柜；（3）通用工具

操作材料：导线、线标、网线等

评分标准

考核内容		考核点及评分要求	分值	扣分	得分	备注
职业素养（20分）	6S基本要求（10分）	工具、仪表摆放整齐，收纳整理到指定位置	1			
		材料、作品摆放整齐有序	1			
		作业时穿着工作服、穿带电工绝缘鞋和安全帽	1			
		操作过程中无脱安全帽、未盘收头发等违反安全操作规范的现象	1			
		操作过程中无掉落工具、零件等操作违规现象	1			
		操作过程中注重卫生的整理整顿	1			
		环保意识强，材料、耗材等使用合理（扎带、气管、胶贴），未浪费材料	1			
		不迟到，工作过程中不做与工作无关事宜，服从工作安排等	1			
		考核完成后按照6S标准清理现场	2			

续附表 6

考核内容		考核点及评分要求	分值	扣分	得分	备注
职业素养（20分）	安全操作（10分）	遵守安全操作规程，操作规范，无带电更换器件等违规现象	1			
		完成工作任务的过程中无违反操作规程或因操作不当，造成器件损坏、影响其生产秩序现象	2			
		作业过程中严格落实安全岗位责任制	2			
		熟悉安全操作规章文件	1			
		经常开展职工安全操作规范培训	2			
		维修整改记录完整	2			
作品质量（80分）	元器件安装（10分）	元器件清单罗列完整	1			
		元器件选择准确	1			
		选择的元器件参数正确	1			
		装配前用仪表检查器件	1			
		器件的安装布局与图纸一致	1			
		元件排列合理，无斜装、倒装现象	1			
		元器件安装固定规范、正确	1			
		没有损坏元器件	1			
		安装元器件无松动等现象	1			
		无螺丝、螺母、垫片、工具等遗留在工作台	1			

续附表6

考核内容		考核点及评分要求	分值	扣分	得分	备注
作品质量（80分）	工艺（10分）	导线选择线径符合要求	1			
		导线颜色选择正确	1			
		冷压端子选择符合要求	1			
		工具使用正确、合理	0.5			
		导线制作规范，冷压端子压制正确	1			
		导线必须沿线槽内走线	1			
		安装导线无裸露铜线现象	1			
		安装导线无松动现象	1			
		器件外部不允许有直接连接的导线，线槽出线应整齐美观	1			
		无交叉接线	0.5			
		线路连接、套管、标号符合工艺要求	1			
	程序设计与调试（10分）	启动停止等按钮开关输入 PLC 信号灯亮	1			
		限位开关与原位开关输入 PLC 信号灯亮	1			
		其他传感器输入 PLC 信号灯亮	1			
		脉冲+方向的输出控制信号输出正常	1			
		运行、报警等指示灯工作正常	1			
		驱动器件的电路测试正常	1			
		PLC 程序编写、下载、监控等操作步骤正确	1			
		能正确设置步进驱动、伺服驱动、变频驱动等驱动器件的参数	1			
		能正确调试 PLC 程序与硬件设备联机测试	1			
		能实现小型运动控制系统简易通电测试功能	1			

续附表6

考核内容		考核点及评分要求	分值	扣分	得分	备注
作品质量（80分）	功能（40分）	能正确完成步进驱动器的步进细分参数设置	1			
		能根据步进电机的额定参数正确设置步进驱动器的电流输出参数	1			
		能正确设置编程软件的工艺轴参数值	1			
		工艺轴参数中机械参数设置正确，以保证运行精度	1			
		能正确利用工艺轴调试助手测试步进电机的参数	1			
		运行的相对精度在 1 mm 以内	1			
		能根据调速要求，正确设置变频器参数	1			
		变频器操作面板测试变频器运行正常，频率运行准确	1			
		手自动切换功能正常	0.5			
		手自动切换指示灯运行正常	1			
		传动带、钻孔钻头处于原位位置	1			
		按下自动启动按钮，系统能正确正常启动	0.5			
		自动工艺流程的功能 1 启动正常	1			
		自动工艺流程的功能 1 的运行精度小于 1 mm	1			
		自动工艺流程的功能 2 启动正常	1			

续附表6

考核内容		考核点及评分要求	分值	扣分	得分	备注
作品质量（80分）	功能（40分）	自动工艺流程的功能2的运行频率相对误差小于1 Hz	1			
		自动工艺流程的功能3启动正常	1			
		自动工艺流程的功能3运行正常，准确到达位置	1			
		自动工艺流程的功能4运行正常，5S时间运行正常	1			
		自动工艺流程的功能5运行正常，准确到达位置	1			
		自动工艺流程的功能6运行正常，钻孔钻头停止	1			
		自动工艺流程的功能7运行正常	1			
		自动工艺流程的功能7的运行精度小于1 mm	1			
		自动工艺流程的功能8运行正常	1			
		自动工艺流程的功能8的运行精度小于1 mm	1			
		自动工艺流程能正常停止	1			
		按下手动启动按钮，系统能正确正常启动	1			
		手动工艺流程的功能1启动正常	1			
		手动工艺流程的功能1的运行精度小于1 mm	1			
		手动工艺流程的功能2启动正常	1			

续附表6

考核内容		考核点及评分要求	分值	扣分	得分	备注
作品质量（80分）	功能（40分）	手动工艺流程的功能2的运行频率相对误差小于1HZ	1			
		手动工艺流程的功能3启动正常	1			
		手动工艺流程的功能3运行正常，准确到达位置	1			
		手动工艺流程的功能4运行正常，5S时间运行正常	1			
		手动工艺流程的功能5运行正常，准确到达位置	1			
		手动工艺流程的功能6运行正常，钻孔钻头停止	1			
		手动工艺流程的功能7运行正常	1			
		手动工艺流程的功能7的运行精度小于1 mm	1			
		手动工艺流程的功能8运行正常	1			
		手动工艺流程的功能8的运行精度小于1 mm	1			
		手动工艺流程能正常循环	1			
	技术文件（10分）	技术文件完整无缺项	2			
		元器件清单内容完整	2			
		撰写的操作手册完整无缺项	2			
		操作手册准确表达操作过程，通俗易懂	2			
		技术文件表达清晰，专业术语使用准确无误	2			

2．JN2-1-2 工件参数测量视觉系统构建(附表7)

附表7 工件参数测量视觉系统构建

项目2-1-2：智能感知应用

考核时长：180分钟	考核地点：企业	考核方式：实操

任务描述：根据自动化检测设备的要求，完成工件的视觉定位检测和工件的尺寸测量，并能在HMI系统进行结果显示

操作设备：(1)视觉检测平台；(2)电气控制柜；(3)通用工具

操作材料：工件、安装件、导线、线标等

评分标准

考核内容		考核点及评分要求	分值	扣分	得分	备注
职业素养(20分)	6S基本要求(10分)	工具、仪表摆放整齐，收纳整理到指定位置	1			
		材料、作品摆放整齐有序	1			
		作业时穿着工作服、穿带电工绝缘鞋和安全帽	1			
		操作过程中无脱安全帽、未盘收头发等违反安全操作规范的现象	1			
		操作过程中无掉落工具、零件等操作违规现象	1			
		操作过程中注重卫生的整理整顿	1			
		环保意识强，材料、耗材等使用合理(扎带、气管、胶贴)，未浪费材料	1			
		不迟到，工作过程中不做与工作无关事宜，服从工作安排等	1			
		考核完成后按照6S标准清理现场	2			

续附表7

考核内容		考核点及评分要求	分值	扣分	得分	备注
职业素养（20分）	安全操作（10分）	遵守安全操作规程，操作规范，无带电更换器件等违规现象	1			
		完成工作任务的过程中无违反操作规程或因操作不当，造成器件损坏、影响其生产秩序现象	2			
		作业过程中严格落实安全岗位责任制	2			
		熟悉安全操作规章文件	1			
		经常开展职工安全操作规范培训	2			
		维修整改记录完整	2			
作品质量（80分）	元器件安装（10分）	元器件清单罗列完整	1			
		元器件选择准确	1			
		选择的元器件参数正确	1			
		装配前用仪表检查器件	1			
		器件的安装布局与图纸一致	1			
		元件排列合理，无斜装、倒装现象	1			
		元器件安装固定规范、正确	1			
		没有损坏元器件	1			
		安装元器件无松动等现象	1			
		无螺丝、螺母、垫片、工具等遗留在工作台	1			

续附表7

考核内容		考核点及评分要求	分值	扣分	得分	备注
作品质量（80分）	工艺（10分）	导线选择线径符合要求	1			
		导线颜色选择正确	1			
		冷压端子选择符合要求	1			
		工具使用正确、合理	0.5			
		导线制作规范，冷压端子压制正确	1			
		导线必须沿线槽内走线	1			
		安装导线无裸露铜线现象	1			
		安装导线无松动现象	1			
		器件外部不允许有直接连接的导线，线槽出线应整齐美观	1			
		无交叉接线	0.5			
		线路连接、套管、标号符合工艺要求	1			
	程序设计与调试（10分）	启动停止等按钮开关输入 PLC 信号灯亮	1			
		指示灯能工作正常	1			
		传感器输入 PLC 信号灯亮	1			
		HMI 界面设计合理、字体大小合适	1			
		HMI 界面显示内容显示完整	1			
		视觉控制器参数设置正常	1			
		PLC 程序编写、下载、监控等操作步骤正确	1			
		能正确设置视觉控制器件的参数，PLC 与视觉控制器通信正常	1			
		能正确调试 PLC 程序与硬件设备联机测试	1			
		能实现智能感知系统的简易通电测试功能	1			

续附表7

考核内容		考核点及评分要求	分值	扣分	得分	备注
作品 质量 （80分）	功能 （40分）	能正确完成视觉控制器的参数设置	1			
		PLC与视觉控制器通信正常	1			
		能正确设置编程软件的通信参数值	1			
		视觉程序与参数设置正确，以保证检测精度	1			
		PLC与HMI正常通信	1			
		运行的相对精度在1 mm以内	1			
		手动/自动切换功能正常	1			
		手动/自动切换时，HMI界面能正常切换界面	1			
		手自动切换功能正常	0.5			
		手自动切换指示灯运行正常	1			
		视觉系统的圆形光能调节亮度大小	1			
		按下自动启动按钮，系统能正确启动M	0.5			
		传输带能正常启动	1			
		检测传感器能正常检测工件	1			
		定位气缸能正常伸出	1			

续附表7

考核内容		考核点及评分要求	分值	扣分	得分	备注
作品质量（80分）	功能（40分）	绿色指示灯能以 1 Hz 频率闪烁	1			
		黄色指示灯能常亮	1			
		视觉系统能正常拍照	1			
		视觉系统拍照清晰	1			
		视觉系统能正常检测	1			
		视觉系统能正常输出 NG、OK 和 SM 三种结果值	1			
		检测结果能正常传送到 PLC，并保存结果	1			
		视觉检测的检测精度小于 1 mm	1			
		绿色指示灯能停止闪烁	1			
		黄色指示灯能按自动模式下的闪烁频率继续闪烁	1			
		定位气缸能缩回	1			
		被测工件能按检测结果，进入对应的仓位	1			
		视觉检测系统检测结束后，能进行第二次检测	1			
		视觉检测系统能正常停止检测	1			
		手动模式下 HMI 正常显示手动模式界面	1			

续附表7

考核内容		考核点及评分要求	分值	扣分	得分	备注
作品质量 （80分）	功能 （40分）	手动测量按钮能正常工作	1			
		黄色指示灯能停止闪烁	1			
		绿色指示灯能常亮	1			
		视觉系统能正常拍照	1			
		视觉系统拍照清晰	1			
		视觉系统能正常检测	1			
		视觉系统能正常输出 NG、OK 和 SM 三种结果值	1			
		HMI 能正常显示检测结果	1			
		检测结果为 SM 时，红灯点亮 5 s	1			
		检测结果为 OK 时，红灯点亮 10 s	1			
		检测结果为 NG 时，红灯点亮 15 s	1			
	技术文件 （10分）	技术文件完整无缺项	2			
		元器件清单内容完整	2			
		撰写的操作手册完整无缺项	2			
		操作手册准确表达操作过程，通俗易懂	2			
		技术文件表达清晰，专业术语使用准确无误	2			

3. JN2-1-3 工业机器人组装电路板(附表8)

附表8 工业机器人组装电路板考核评分标准

项目 2-1-3:工业机器人操作与示教编程

考核时长:120分钟	考核地点:企业	考核方式:实操

任务描述:根据工业机器人电路板装配工艺要求,确定机器人的运行轨迹,启动工业机器人工作站,配置机器人的基本参数,完成指定功能程序的编写与调试,将配件区的电子元件通过吸盘工具装配至电路板中对应位置

操作设备:(1)工业机器人工作站;(2)通用工具

操作材料:装配电子元件

评分标准

考核内容		考核点及评分要求	分值	扣分	得分	备注
职业素养(20分)	6S 基本要求(10分)	工具、仪表摆放整齐,收纳整理到指定位置	1			
		材料、作品摆放整齐有序	1			
		作业时穿着工作服、穿带电工绝缘鞋和安全帽	1			
		操作过程中无脱安全帽、未盘收头发等违反安全操作规范的现象	1			
		操作过程中无掉落工具、零件等操作违规现象	1			
		操作过程中注重卫生的整理整顿	1			
		环保意识强,材料、耗材等使用合理(扎带、气管、胶贴),未浪费材料	1			
		不迟到,工作过程中不做与工作无关事宜,服从工作安排等	1			
		考核完成后按照 6S 标准清理现场	2			

续附表 8

考核内容		考核点及评分要求	分值	扣分	得分	备注
职业素养（20分）	安全操作（10分）	遵守安全操作规程，操作规范，无带电更换器件等违规现象	1			
		完成工作任务的过程中无违反操作规程或因操作不当，造成器件损坏、影响其生产秩序现象	2			
		作业过程中严格落实安全岗位责任制	2			
		熟悉安全操作规章文件	1			
		经常开展职工安全操作规范培训	2			
		维修整改记录完整	2			
作品质量（80分）	启动工业机器人工作站（15分）	机器人工作站开关机步骤正确，无违规操作行为	2			
		工业机器人开机异常报警处理方法正确	2			
		机器人示教器手持操作方式正确，轻拿轻放，无损坏示教器行为	2			
		能通过示教器实现机器人的关节运动、线性运动	2			
		能正确切换机器人的坐标系	1			
		能正确使用机器人的增量模式	1			
		能查看机器人的手动操纵界面	1			
		能接通机器人的空压机电源	1			
		能正确打开机器人的空压机、检测气路和调节气压值	3			

续附表8

考核内容		考核点及评分要求	分值	扣分	得分	备注
作品质量（80分）	配置机器人的基本参数（15分）	正确配置机器人系统的I/O口	2			
		正确配置1号可编程按钮	1			
		正确配置2号可编程按钮	1			
		正确配置其他可编程按钮	1			
		工具TCP坐标系标定方法正确	1			
		工具坐标系的标定平均误差值≤0.3 mm	3			
		工业机器人末端工装夹具的重量参数设置正确合理	2			
		工业机器人末端工装夹具的中心点参数设置正确合理	2			
		工件坐标系的方向符合要求	2			
	分析机器人的运行轨迹（10分）	能正确绘制机器人的路径规划图	1			
		能正确标出需要示教的点位	1			
		能正确示教需要示教的点	3			
		能分析运行路径选择合适的运动指令	3			
		根据运动过程，选择合适的转角参数	2			

续附表8

考核内容		考核点及评分要求	分值	扣分	得分	备注
作品质量（80分）	完成指定功能的程序编辑与调试（20分）	运动的起始机器人有回原点指令	1			
		原点位置标定准确	1			
		机器人的第一个抓取点位置准确	1			
		机器人的第一个放置点位置准确	1			
		机器人的第二个抓取点位置准确	1			
		机器人的第二个放置点位置准确	1			
		机器人的其他位置点位准确	1			
		能正确设置过渡点的转弯区半径	1			
		能正确设置接近点的转弯区半径	1			
		能设置必须安全过渡点	2			
		能在手动连续运行的情况下，实现程序功能	3			
		能在自动运行的情况下，实现程序功能	4			
		完成工作任务后，机器人返回原点	1			
		程序运行结束后停止	1			
	功能调试（20分）	大范围转移过程中，机器人没有发生碰撞	2			
		抓取或放置点没有发生碰撞	2			
		能实现机器人线性运动功能	2			
		能实现机器人关节运动功能	1			
		能实现机器人的I/O口置位或复位功能	3			
		按工作要求，实现系统功能	10			

4. JN2-2-1 工业网络控制系统设计(附表9)

附表9 工业网络控制系统设计考核评分标准

项目 2-2-1：工业数据采集与处理

考核时长：120分钟	考核地点：企业	考核方式：实操

任务描述：通过分析控制系统工艺及功能,提出系统设计方案,并能根据设计方案完成线路安装、系统配置与系统整体调试；根据生产管理要求,制定技术文件

操作设备：(1)小型自动化生产装置；(2)计算机；(3)通用工具

操作材料：网络电缆等

评分标准

考核内容		考核点及评分要求	分值	扣分	得分	备注
职业素养(20分)	6S 基本要求(10分)	工具、仪表摆放整齐,收纳整理到指定位置	1			
		材料、作品摆放整齐有序	1			
		作业时穿着工作服、穿带电工绝缘鞋和安全帽	1			
		操作过程中无脱安全帽、未盘收头发等违反安全操作规范的现象	1			
		操作过程中无掉落工具、零件等操作违规现象	1			
		操作过程中注重卫生的整理整顿	1			
		环保意识强,材料、耗材等使用合理(扎带、气管、胶贴),未浪费材料	1			
		不迟到,工作过程中不做与工作无关事宜,服从工作安排等	1			
		考核完成后按照 6S 标准清理现场	2			

续附表 9

考核内容		考核点及评分要求	分值	扣分	得分	备注
职业素养（20分）	安全操作（10分）	遵守安全操作规程，操作规范，无带电更换器件等违规现象	1			
		完成工作任务的过程中无违反操作规程或因操作不当，造成器件损坏、影响其生产秩序现象	2			
		作业过程中严格落实安全岗位责任制	2			
		熟悉安全操作规章文件	1			
		经常开展职工安全操作规范培训	2			
		维修整改记录完整	2			
作品质量（80分）	系统设计（20分）	正确分析系统控制要求	2			
		画出系统的网络拓扑图	2			
		分配网络通信节点的网络地址	2			
		分配本任务要求的所有数据传输区各 I/O 端口地址	2			
		分配系统控制网络的 I/O 端口地址	2			
		根据控制要求配置系统硬件设备	2			
		绘制系统控制网络的硬件接线图	2			
		绘制系统程序流程图	2			
		正确设计系统的通信程序	2			
		正确设计系统的控制程序	2			

续附表9

考核内容		考核点及评分要求	分值	扣分	得分	备注
作品质量（80分）	线路安装（10分）	元器件清单罗列完整	1			
		元器件选择准确	1			
		选择的元器件参数正确	1			
		装配前用仪表检查器件	1			
		器件的安装布局与图纸一致	1			
		元件排列合理，无斜装、倒装现象	1			
		元器件安装固定规范、正确	1			
		没有损坏元器件	1			
		安装元器件无松动等现象	1			
		无螺丝、螺母、垫片、工具等遗留在工作台	1			
	系统配置与调试（20分）	操作软件，完成各控制器的硬件组态	2			
		操作软件，完成系统通信网络连接	2			
		操作软件，完成控制网络的系统配置	2			
		操作软件，进行程序的编写、修改、调试等操作	2			
		对PLC进行联机下载程序	2			
		判断输入输出通道是否正常	2			
		根据控制要求，在线监控程序运行	2			
		根据控制要求，建立变量监控表	2			
		根据控制要求，强制修改变量	2			
		解决调试和运行过程中出现的问题	2			

续附表9

考核内容		考核点及评分要求	分值	扣分	得分	备注
作品质量（80分）	功能（20分）	主控制器与从控制器能正常通信	2			
		从控制器与远程I/O能正常通信	2			
		单台电机能正常启动	2			
		单台电机能正常进行星三角切换	2			
		单台电机能正常停止	2			
		热继电器动作能正常停止电机	2			
		3台电机能按要求自动顺序启动	2			
		3台电机能按要求自动逆序停止	2			
		3台电机能按要求手动顺序启动	2			
		3台电机能按要求手动逆序停止	2			
	技术文件（10分）	技术文件完整无缺项	2			
		元器件清单内容完整	2			
		撰写的操作手册完整无缺项	2			
		操作手册准确表达操作过程，通俗易懂	2			
		技术文件表达清晰，专业术语使用准确无误	2			

5. JN2-2-2 生产线电气线路安装与调试(电气自动化技术专业方向)(附表10)

附表10 生产线电气线路安装与调试(电气自动化技术专业方向)考核评分标准

项目2-2-2:自动化生产线安装与调试(电气自动化技术专业方向)

考核时长:180分钟	考核地点:企业	考核方式:实操

任务描述:根据提供的电气原理图、接线图,正确完成小型生产线电气控制系统的安装与回路测试;根据设备工艺过程,准确设计控制程序,达到控制要求;完成系统的整体调试,确保系统功能完整,达到生产工艺要求

操作设备:(1)自动化生产线;(2)电气控制柜;(3)通用工具;(4)编程计算机

操作材料:电线、线标、电气元器件等

评分标准

考核内容		考核点及评分要求	分值	扣分	得分	备注
职业素养(20分)	6S基本要求(10分)	工具、仪表摆放整齐,收纳整理到指定位置	1			
		材料、作品摆放整齐有序	1			
		作业时穿着工作服、穿带电工绝缘鞋和安全帽	1			
		操作过程中无脱安全帽、未盘收头发等违反安全操作规范的现象	1			
		操作过程中无掉落工具、零件等操作违规现象	1			
		操作过程中注重卫生的整理整顿	1			
		环保意识强,材料、耗材等使用合理(扎带、气管、胶贴),未浪费材料	1			
		不迟到,工作过程中不做与工作无关事宜,服从工作安排等	1			
		考核完成后按照6S标准清理现场	2			

续附表 10

考核内容		考核点及评分要求	分值	扣分	得分	备注
职业素养（20分）	安全操作（10分）	遵守安全操作规程，操作规范，无带电更换器件等违规现象	1			
		完成工作任务的过程中无违反操作规程或因操作不当，造成器件损坏、影响其生产秩序现象	2			
		作业过程中严格落实安全岗位责任制	2			
		熟悉安全操作规章文件	1			
		经常开展职工安全操作规范培训	2			
		维修整改记录完整	2			
作品质量（80分）	元器件安装（10分）	元器件清单罗列完整	1			
		元器件选择准确	1			
		选择的元器件参数正确	1			
		装配前用仪表检查器件	1			
		器件的安装布局与图纸一致	1			
		元件排列合理，无斜装、倒装现象	1			
		元器件安装固定规范、正确	1			
		没有损坏元器件	1			
		安装元器件无松动等现象	1			
		无螺丝、螺母、垫片、工具等遗留在工作台	1			

续附表10

考核内容		考核点及评分要求	分值	扣分	得分	备注
作品质量（80分）	工艺（10分）	导线选择线径符合要求	1			
		导线颜色选择正确	1			
		冷压端子选择符合要求	1			
		工具使用正确、合理	0.5			
		导线制作规范,冷压端子压制正确	1			
		导线必须沿线槽内走线	1			
		安装导线无裸露铜线现象	1			
		安装导线无松动现象	1			
		器件外部不允许有直接连接的导线,线槽出线应整齐美观	1			
		无交叉接线	0.5			
		线路连接、套管、标号符合工艺要求	1			
	系统调试（20分）	启动停止等按钮开关输入 PLC 信号正常	2			
		限位开关与原位开关输入 PLC 信号正常	2			
		各传感器输入 PLC 信号正常	2			
		输出控制回路正常	2			
		运行、报警等指示灯工作正常	2			
		驱动器件的电路测试正常	2			
		PLC 程序编写、下载、监控等操作步骤正确	2			
		正确设置各器件的参数	2			
		根据调试要求编制测试程序	2			
		正确调试 PLC 程序与硬件设备联机测试	2			

续附表10

考核内容		考核点及评分要求	分值	扣分	得分	备注
作品质量（80分）	程序设计（10分）	正确分析系统控制要求	2			
		正确配置系统参数	2			
		正确建立系统变量表	2			
		绘制系统程序流程图	2			
		正确设计系统的控制程序	2			
	功能（20分）	系统各电机工作正常	2			
		系统各气缸动作正常	2			
		系统复位功能正常	2			
		按下启动按钮，系统能正常启动	2			
		系统能正常判断托盘是否到位	2			
		系统能正常判断料仓是否有工件	2			
		系统下料正常	2			
		推料转盘工作正常	2			
		下料完成后工件能正常前往下一站	2			
		系统停止功能正常	2			
	技术文件（10分）	技术文件完整无缺项	2			
		元器件清单内容完整	2			
		撰写的操作手册完整无缺项	2			
		操作手册准确表达操作过程，通俗易懂	2			
		技术文件表达清晰，专业术语使用准确无误	2			

6. JN2-2-3 生产线优化与升级（电气自动化技术专业方向）（附表11）

附表11 生产线优化与升级（电气自动化技术专业方向）考核评分标准

项目2-2-3：自动化生产线优化与升级（电气自动化技术专业方向）

考核时长：180分钟	考核地点：企业	考核方式：实操

任务描述：通过分析生产线工艺及功能，提出改造方案，并能根据改造方案完成电路设计、控制程序编制与系统整体调试；根据生产管理要求，制定技术文件；优化升级后的生产线产品不良率下降，整体生产节拍提升，生产效益提高，功能完善

操作设备：（1）自动化生产线；（2）电气控制柜；（3）计算机、通用工具

操作材料：电线、线标、电气元件等

评分标准

考核内容		考核点及评分要求	分值	扣分	得分	备注
职业素养（20分）	6S基本要求（10分）	工具、仪表摆放整齐，收纳整理到指定位置	1			
		材料、作品摆放整齐有序	1			
		作业时穿着工作服、穿带电工绝缘鞋和安全帽	1			
		操作过程中无脱安全帽、未盘收头发等违反安全操作规范的现象	1			
		操作过程中无掉落工具、零件等操作违规现象	1			
		操作过程中注重卫生的整理整顿	1			
		环保意识强，材料、耗材等使用合理（扎带、气管、胶贴），未浪费材料	1			
		不迟到，工作过程中不做与工作无关事宜，服从工作安排等	1			
		考核完成后按照6S标准清理现场	2			

续附表 11

考核内容		考核点及评分要求	分值	扣分	得分	备注
职业素养（20分）	安全操作（10分）	遵守安全操作规程，操作规范，无带电更换器件等违规现象	1			
		完成工作任务的过程中无违反操作规程或因操作不当，造成器件损坏、影响其生产秩序现象	2			
		作业过程中严格落实安全岗位责任制	2			
		熟悉安全操作规章文件	1			
		经常开展职工安全操作规范培训	2			
		维修整改记录完整	2			
作品质量（80分）	工艺及功能分析（10分）	功能分析准确，工艺流程熟练	2			
		设备期望生产节拍计算准确	2			
		各执行装置动作关系矩阵准确	2			
		功能缺陷分析准确	2			
		分析报告撰写规范	2			
	改造方案设计（20分）	方案设计合理，能有效提升生产效率	2			
		方案设计合理，能加强安全防范	2			
		控制要求分析正确	2			
		电路设计规范	2			
		电路设计功能正确	2			
		程序设计合理	2			
		正确配置系统硬件参数	2			
		正确建立系统变量表	2			
		绘制系统程序流程图	2			
		正确设计系统的控制程序	2			

续附表11

考核内容		考核点及评分要求	分值	扣分	得分	备注
作品质量（80分）	元器件安装（10分）	元器件清单罗列完整	1			
		元器件选择准确	1			
		选择的元器件参数正确	1			
		装配前用仪表检查器件	1			
		器件的安装布局与图纸一致	1			
		元件排列合理,无斜装、倒装现象	1			
		元器件安装固定规范、正确	1			
		没有损坏元器件	1			
		安装元器件无松动等现象	1			
		无螺丝、螺母、垫片、工具等遗留在工作台	1			
	工艺（10分）	导线选择线径符合要求	1			
		导线颜色选择正确	1			
		冷压端子选择符合要求	1			
		工具使用正确、合理	0.5			
		导线制作规范,冷压端子压制正确	1			
		导线必须沿线槽内走线	1			
		安装导线无裸露铜线现象	1			
		安装导线无松动现象	1			
		器件外部不允许有直接连接的导线,线槽出线应整齐美观	1			
		无交叉接线	0.5			
		线路连接、套管、标号符合工艺要求	1			

续附表11

考核内容		考核点及评分要求	分值	扣分	得分	备注
作品质量（80分）	系统整体调试（20分）	启动停止等按钮开关输入 PLC 信号正常	1			
		限位开关与原位开关输入 PLC 信号正常	1			
		各传感器输入 PLC 信号正常	1			
		输出控制回路正常	1			
		运行、报警等指示灯工作正常	1			
		驱动器件的电路测试正常	1			
		PLC 程序编写、下载、监控等操作步骤正确	1			
		正确设置各器件的参数	1			
		根据调试要求编制测试程序	1			
		正确调试 PLC 程序与硬件设备联机测试	1			
		系统整体功能达到设计要求	10			
	技术文件（10分）	技术文件完整无缺项	2			
		元器件清单内容完整	2			
		撰写的操作手册完整无缺项	2			
		操作手册准确表达操作过程，通俗易懂	2			
		技术文件表达清晰，专业术语使用准确无误	2			

7. JN2-2-4 数控机床装调与检修（机电一体化技术专业方向）（附表12）

附表12　数控机床装调与检修（机电一体化技术专业方向）考核评分标准

项目2-2-4：数控机床装调与维护（机电一体化技术专业方向）

考核时长：180分钟	考核地点：企业	考核方式：实操

任务描述：根据电气原理图，选择合适元器件，按照电气线路布局、布线的基本原则，完成变频主轴控制回路的连接与调试；检测数控机床急停、系统启动、轴回参考点控制回路，记录并排除故障；请在排除故障成功上电后，完成变频器参数和系统参数的设置，实现使用变频器控制主轴电机的无级调速功能；要求故障现象描述准确，故障原因分析及故障处理方法得当，维修工艺文件撰写全面

操作设备：（1）数控机床；（2）通用工具

操作材料：电线等

评分标准

考核内容		考核点及评分要求	分值	扣分	得分	备注
职业素养（20分）	6S基本要求（10分）	操作工位工具摆放整齐	1			
		操作工位仪表摆放整齐	1			
		材料、作品摆放整齐	1			
		着装整齐、规范	1			
		考核中不迟到	1			
		考核过程中服从考场安排	1			
		考核完成后按照6S标准整理工具	2			
		考核完成后按照6S标准打扫工位	2			

续附表 12

考核内容		考核点及评分要求	分值	扣分	得分	备注
职业素养（20分）	安全操作（10分）	遵守安全操作规程，操作规范，无带电更换器件等违规现象	2			
		识读安全操作规章文件	1			
		维修整改记录完整	1			
		考试出现无舞弊、违纪情况	2			
		完成工作任务的过程中无违反操作规程或因操作不当，造成器件损坏、影响其生产秩序现象	4			
作品质量（80分）	电气连接（25分）	正确的选择元器件的类型、规格	1			
		对元器件的质量进行检测	1			
		正确的使用安装工具	1			
		元器件安装牢固	1			
		未损坏元器件或工具	1			
		电气连线无裸露铜线现象	2			
		电气连线紧固、无毛刺	2			
		电气连线的线径选择正确	2			
		电气连线的颜色选择正确	2			
		导线制作规范，冷压端子压制正确	2			
		线缆的制作要符合规范，工具选用正确	2			
		线缆标号清晰、规整	2			
		线缆标号与电气原理图标号对应，无错误和遗漏	2			
		电源线、动力线和控制指令线连接正确	4			

续附表12

考核内容		考核点及评分要求	分值	扣分	得分	备注
作品质量（80分）	上电功能检测（10分）	检查各控制回路的接线无漏接或错接之处	1			
		根据电气原理图,控制回路中的相间电阻检测	1			
		根据电气原理图,完成控制回路中对地电阻检测	1			
		检测中中未有短路情况	2			
		检测过程中及时记录和处理	1			
		按照电气原理图,逐一合上开关,测量各个元器件的输入电压,检查是否符合工作要求	2			
		按照电气原理图,逐一合上开关,测量各个元器件的输出电压,检查是否符合工作要求	2			
	主轴功能检测（25分）	手动按下数控系统操作界面上的主轴点动按钮,主轴均能实现运转	2			
		手动按下数控系统操作界面上的主轴正反转,主轴均能实现运转,并且运转正常、方向正确	4			
		手动按下主轴停止按钮,主轴电机停止运转,且没有报警	2			
		在主轴运转过程中不能出现报警,或报警出现后且能解除报警	2			
		在 MDI 控制方式下,运行 M03 S500 或 M04 S500 能正常运行,无报警情况出现	5			
		运行 M05 能够停止主轴	3			
		在 MDI 方式下控制主轴运转时,出现报警,且能解决	2			
		参照说明书,正确的设置好变频器的控制参数	3			
		参照说明书,正确的设置好数控系统的控制参数	2			

续附表12

考核内容		考核点及评分要求	分值	扣分	得分	备注
作品质量（80分）	功能检测及故障排除（20分）	按照功能检测表对急停控制进行功能测试，确保机床此功能正常工作	3			
		按照功能检测表对系统启动进行功能测试，确保机床此功能正常工作	4			
		按照功能检测表对轴回参考点进行功能测试，确保机床此功能正常工作	3			
		排除故障过程记完整	3			
		数控机床故障的处理不超时	3			
		正确选择并使用工具、仪表，进行数控机床故障的处理	2			
		数控机床故障的处理中未造成设备损坏	2			

8. JN2-2-5 数控机床改造升级(机电一体化技术专业方向)(附表13)

附表13 数控机床改造升级(机电一体化技术专业方向)考核评分标准

项目2-2-5：数控机床改造升级(机电一体化技术专业方向)

考核时长：120分钟	考核地点：企业	考核方式：实操

任务描述：根据数控机床升级改造的要求，编制合理的数控机床升级改造方案，利用相关软件和工具，完成数控机床的升级改造，并完善数控机床的功能；要求参数设置合理，功能扩展和开发完善，加工程序编写准确合理

操作设备：(1)数控机床；(2)工业机器人；(3)通用工具

操作材料：电线等

评分标准

考核内容		考核点及评分要求	分值	扣分	得分	备注
职业素养(20分)	6S基本要求(10分)	操作工位工具摆放整齐	1			
		操作工位仪表摆放整齐	1			
		材料、作品摆放整齐	1			
		着装整齐、规范	1			
		考核中不迟到	1			
		考核过程中服从考场安排	1			
		考核完成后按照6S标准整理工具	2			
		考核完成后按照6S标准打扫工位	2			
	安全操作(10分)	遵守安全操作规程，操作规范，无带电更换器件等违规现象	2			
		识读安全操作规章文件	1			
		维修整改记录完整	1			
		考试出现无舞弊、违纪情况	2			
		完成工作任务的过程中无违反操作规程或因操作不当，造成器件损坏、影响其生产秩序现象	4			

续附表 13

考核内容		考核点及评分要求	分值	扣分	得分	备注
作品质量（80分）	改造升级方案（10分）	方案设计合理，有安保措施的方案	2			
		能完成数控机床增加适应智能化需要的自动夹具的功能要求	4			
		能完成数控机床增加适应智能化需要的自动夹具的功能要求	4			
	电路安装工艺（4分）	安装导线无裸露铜线现象	1			
		安装导线无松动现象	1			
		器件外部不允许有直接连接的导线，线槽出线应整齐美观	1			
		无交叉接线	1			
	自动门、零点夹具的气路安装工艺（6分）	线路连接、套管、标号符合工艺要求	1			
		气路元器件安装牢固	1			
		行程开关、磁性开关、行程阀等安装位置正确	3			
		元件布置整齐、合理	1			
	机器人卡爪气路的安装工艺（5分）	元器件安装牢固	1			
		无漏装紧固螺钉	1			
		机器人卡爪装配到位	2			
		无损坏元器件、工具	1			
	数据采集与通信（5分）	能对数控系统、在机测头等数据进行采集	2			
		实现数据相互通信	1			
		实现 PLC 数据备份	1			
		实现系统数据备份	1			

续附表13

考核内容	考核点及评分要求	分值	扣分	得分	备注
作品质量（80分）	测头安装调试（10分）	正确连接测头工作电源、测头触发信号等	2			
		实现测头 PLC 开发与调试	2			
		实现测头对中调整	2			
		实现测头径向标定	2			
		实现环规直径测量	2			
	自动在线测量工件直径（5分）	首件加工时能自动测量工件直径	3			
		第二件加工时能自动测量工件直径	2			
	零点夹具的功能实现（5分）	完成气动门气路	3			
		完成夹具气路	2			
	自动门和自动夹具的联调（10分）	自动门和自动夹具的联调测试达到设计要求	5			
		正确填写 M 指令及输入输出地址	1			
		正确记录关键程序	4			
	实现加工中心自动上下料功能（10分）	完成关节机器人与加工中心的信号、数据、逻辑对接，通过示教编程实现加工中心实现毛坯自动上料功能	4			
		完成关节机器人与加工中心的信号、数据、逻辑对接，通过示教编程实现加工中心实现成品自动下料功能	4			
		正确填写关节数据	2			
	技术文件（10分）	技术文件完整无缺项	2			
		撰写的改造方案完整无缺项	2			
		改造方案准确表达改造过程，通俗易懂	2			
		技术文件表达清晰，专业术语使用准确无误	2			
		改造方案合理可用	2			

9. JN2-2-6 工业机器人装配单位应用编程（工业机器人技术专业方向）（附表14）

附表14　工业机器人装配单元应用编程（工业机器人技术专业方向）考核评分标准

项目2-2-6：工业机器人典型应用编程（工业机器人技术专业方向）

考核时长：180分钟	考核地点：企业	考核方式：实操

任务描述：根据工作任务，完成工业机器人、PLC程序、视觉检测程序的设计并调试，使工业机器人实现工件自动上料、输送、检测、装配和入库全过程的控制要求，并确保工业机器人正常安全运行

操作设备：（1）工业机器人装调平台；（2）通用工具

操作材料：电线、线标等

评分标准

考核内容		考核点及评分要求	分值	扣分	得分	备注
职业素养（20分）	6S基本要求（10分）	工具、仪表摆放整齐，收纳整理到指定位置	1			
		材料、作品摆放整齐有序	1			
		作业时穿着工作服、穿带电工绝缘鞋和安全帽	1			
		操作过程中无脱安全帽、未盘收头发等违反安全操作规范的现象	1			
		操作过程中无掉落工具、零件等操作违规现象	1			
		操作过程中注重卫生的整理整顿	1			
		环保意识强，材料、耗材等使用合理（扎带、气管、胶贴），未浪费材料	1			
		不迟到，工作过程中不做与工作无关事宜，服从工作安排等	1			
		考核完成后按照6S标准清理现场	2			

续附表 14

考核内容		考核点及评分要求	分值	扣分	得分	备注
职业 素养 （20分）	安全操作 （10分）	遵守安全操作规程，操作规范，无带电更换器件等违规现象	1			
		完成工作任务的过程中无违反操作规程或因操作不当，造成器件损坏、影响其生产秩序现象	2			
		作业过程中严格落实安全岗位责任制	2			
		熟悉安全操作规章文件	1			
		经常开展职工安全操作规范培训	2			
		维修整改记录完整	2			
作品 质量 （80分）	机器人 外围设备 应用编程 （15分）	能正确实现工业相机的组态	1			
		能正确实现工业相机的系统控制功能	1			
		能正确对相机采样并建立标准比对模型	1			
		相机能实现对被测物体进行比对和处理	2			
		能正确绘制 HMI 的交互画面	2			
		能正确下载 HMI 画面至人机交互设备上	1			
		HMI 中的按键配置正确，能正确实现功能	1			
		HMI 中的数据显示模块能正确显示，实现数据交互功能	1			
		能在 PLC 中编写通信功能模块	1			
		能在 PLC 中正确配置通信功能模块	1			
		能对 PLC 于机器人的通信功能进行调试	1			
		能通过调试，实现 PLC 与机器人的通信	2			

续附表14

考核内容		考核点及评分要求	分值	扣分	得分	备注
作品质量（80分）	系统复位（15分）	执行复位功能后，机器人能够回到原点	1			
		执行复位功能后，变位机能够执行自动复位功能	2			
		执行复位功能后，气缸能回到初始状态	1			
		执行复位功能后，HMI上的角度信息能自动清零	1			
		执行复位功能后，HMI上的RFID信息能自动清零	2			
		执行复位功能后，HMI上的颜色信息能自动清零	2			
		系统中被加工的工件模型位置摆放正确	2			
		将末端工具放回至快换装置	2			
		机器人返回至工作原点	2			
	底座装配（15分）	执行底座装配的功能时，能实现抓取弧口手爪工具	1			
		执行底座装配的功能时，能实现放置弧口手爪工具	1			
		机器人能够通过正确的工具夹取关节底座	2			
		夹取过程中位置示教准确	1			
		机器人能够通过正确的工具将关节底座搬运至RFID模块上方	2			
		搬运过程没有发生碰撞	1			
		RFID模块能正确读取RFID中的数据	1			
		HMI上能正确显示RFID数据	2			
		能够将物料放置到工作平台上	2			
		物料放置到工作平台上时，位置示教准确	1			
		工作平台能正确夹紧物料	1			

续附表14

考核内容		考核点及评分要求	分值	扣分	得分	备注
作品质量（80分）	输出法兰装配（25分）	执行输出法兰装配的功能时，能实现抓取吸盘工具	1			
		执行输出法兰装配的功能时，能实现放置吸盘工具	1			
		输出法兰的上料单元能正确实现上料功能	2			
		在传送带运送物料到传送带末端时，传送带能够自动停止	2			
		机器人能够正确抓取不合格的减速机	2			
		机器人能够将不合格的减速机班运动废料区	2			
		机器人在搬运过程中没有发生碰撞	2			
		HMI上能够正确显示法兰的颜色信息	2			
		HMI上能够正确显示法兰的角度信息	2			
		HMI上的法兰信息能实时更新	2			
		能通过吸盘工具吸取合格的法兰盘	2			
		能将法兰盘准确搬运至关节底座内	2			
		位置示教准确，搬运过程中没有发生碰撞	1			
		能够执行法兰盘锁紧动作	1			
		输出法兰能够正确锁紧	1			
	成品入库（10分）	能实现抓取弧口手爪工具	2			
		能将关节底座抓取到RFID设备上方	1			
		RFID设备读取关节底座的数据	1			
		HMI上能够显示RFID读取数据	1			
		HMI上显示的RFID数据准确	1			
		机器人能够抓取关节成品	1			
		抓取位置准确，没有发生碰撞	1			
		机器人能够将关节成品放回仓库	1			
		关节放回仓库点位示教准确，放回时没有发生碰撞	1			

10. JN2-2-7：工业机器人定期点检(工业机器人技术专业方向)(附表 15)

附表 15 工业机器人定期点检(工业机器人技术专业方向)考核评分标准

项目 2-2-7：工业机器人维护与保养(工业机器人技术专业方向)

考核时长：180 分钟	考核地点：企业	考核方式：实操

任务描述：根据机器人维护与保养手册和定期点检表，对机器人进行定期维护，并填写好定期点检表；点检内容包括：清洁工业机器人、检查工业机器人线缆、检查轴 1 机械限位、检查轴 2 机械限位、检查轴 3 机械限位、检查信息标签、检查同步带、更换电池组

操作设备：(1)工业机器人生产线；(2)通用工具

操作材料：电线、气管等

评分标准

考核内容		考核点及评分要求	分值	扣分	得分	备注
职业素养(20 分)	6S 基本要求(10 分)	工具、仪表摆放整齐，收纳整理到指定位置	1			
		材料、作品摆放整齐有序	1			
		作业时穿着工作服、穿带电工绝缘鞋和安全帽	1			
		操作过程中无脱安全帽、未盘收头发等违反安全操作规范的现象	1			
		操作过程中无掉落工具、零件等操作违规现象	1			
		操作过程中注重卫生的整理整顿	1			
		环保意识强，材料、耗材等使用合理(扎带、气管、胶贴)，未浪费材料	1			
		不迟到，工作过程中不做与工作无关事宜，服从工作安排等	1			
		考核完成后按照 6S 标准清理现场	2			

续附表 15

考核内容		考核点及评分要求	分值	扣分	得分	备注
职业素养（20分）	安全操作（10分）	遵守安全操作规程，操作规范，无带电更换器件等违规现象	1			
		完成工作任务的过程中无违反操作规程或因操作不当，造成器件损坏、影响其生产秩序现象	2			
		作业过程中严格落实安全岗位责任制	2			
		熟悉安全操作规章文件	1			
		经常开展职工安全操作规范培训	2			
		维修整改记录完整	2			
作品质量（80分）	清洁工业机器人（7分）	根据防护等级选择的清洁方法正确	2			
		清洁机器人之前，机器人的电源关闭等安全措施到位	1			
		机器人的清洁工作到位	4			
	检查工业机器人线缆（8分）	进入机器人工作区域前关闭电源	1			
		进入机器人工作区域前关闭气压系统	1			
		进入机器人工作区域前关闭液压系统	1			
		工业机器人与控制柜之间的动力电缆检查方法正确	2			
		工业机器人与控制柜之间的编码器电缆检查方法正确	3			

续附表15

考核内容		考核点及评分要求	分值	扣分	得分	备注
作品质量（80分）	检查轴1、2、3机械限位（15分）	正确检查工业机器人轴1的正向机械限位	2			
		正确检查工业机器人轴1的反向机械限位	3			
		正确检查工业机器人轴2的正向机械限位	2			
		正确检查工业机器人轴2的反向机械限位	3			
		正确检查工业机器人轴3的正向机械限位	2			
		正确检查工业机器人轴3的反向机械限位	3			
	检查信息标签（5分）	检查机器人的标签位置是否正确	1			
		检查机器人的标签字迹是否清晰	1			
		补齐机器人上丢失的标签	1			
		更换机器人上受损的标签	2			
	检查同步带（15分）	正确检查机器人的第四轴的同步带损坏和磨损状态，并进行维护和更换	3			
		检查分析机器人的第四轴的同步带张力情况，并进行合理调整	4			
		正确检查机器人的第五轴的同步带损坏和磨损状态，并进行维护和更换	4			
		检查分析机器人的第五轴的同步带的张力情况，并进行合理调整	4			

续附表15

考核内容		考核点及评分要求	分值	扣分	得分	备注
作品质量（80分）	更换电池组（20分）	正确检查机器人的第四轴的同步带损坏和磨损状态，并进行维护和更换	2			
		检查分析机器人的第四轴的同步带张力情况，并进行合理调整	2			
		正确检查机器人的第五轴的同步带损坏和磨损状态，并进行维护和更换	2			
		检查分析机器人的第五轴的同步带的张力情况，并进行合理调整	2			
		机器人电池组的位置定位准确	1			
		机器人电池保护外壳拆解步骤正确合理	1			
		机器人的电池组拆卸步骤正确合理	1			
		能够正确安装机器人新的电池组	1			
		将机器人的电池保护外壳装回机器人本体上	2			
		能够将机器人的各关节轴回到机械原点位置	1			
		能够根据规范，更新机器人的转数计数器	2			
		能够对更新转数计数器后的机器人进行测试	3			
	填写工单和定期点检表（10分）	定期点检表上内容填写规范	4			
		各项情况填写真实、即时	4			
		各项目检查确认人员签字到位	2			

11. JN2-2-8 工业机器人系统集成

附表16 工业机器人系统集成考核评分标准

项目2-2-8：工业机器人系统集成

考核时长：180分钟	考核地点：企业	考核方式：实操

任务描述：根据培训期间完成的工业机器人系统，对工业机器人系统进行验收，要求产量能达到300个/小时；具备安全保护、生产过程的可追溯等功能

操作设备：(1)数控机床；(2)工业机器人；(3)通用工具

操作材料：电线等

<table>
<tr><td colspan="6" align="center">评分标准</td></tr>
<tr><td colspan="2" align="center">考核内容</td><td align="center">考核点及评分要求</td><td align="center">分值</td><td align="center">扣分</td><td align="center">得分</td><td align="center">备注</td></tr>
<tr><td rowspan="9">职业素养
(20分)</td><td rowspan="9">6S基本要求
(10分)</td><td>工具、仪表摆放整齐，收纳整理到指定位置</td><td>1</td><td></td><td></td><td></td></tr>
<tr><td>材料、作品摆放整齐有序</td><td>1</td><td></td><td></td><td></td></tr>
<tr><td>作业时穿着工作服、穿带电工绝缘鞋和安全帽</td><td>1</td><td></td><td></td><td></td></tr>
<tr><td>操作过程中无脱安全帽、未盘收头发等违反安全操作规范的现象</td><td>1</td><td></td><td></td><td></td></tr>
<tr><td>操作过程中无掉落工具、零件等操作违规现象</td><td>1</td><td></td><td></td><td></td></tr>
<tr><td>操作过程中注重卫生的整理整顿</td><td>1</td><td></td><td></td><td></td></tr>
<tr><td>环保意识强，材料、耗材等使用合理(扎带、气管、胶贴)，未浪费材料</td><td>1</td><td></td><td></td><td></td></tr>
<tr><td>不迟到，工作过程中不做与工作无关事宜，服从工作安排等</td><td>1</td><td></td><td></td><td></td></tr>
<tr><td>考核完成后按照6S标准清理现场</td><td>2</td><td></td><td></td><td></td></tr>
</table>

续附表 16

考核内容		考核点及评分要求	分值	扣分	得分	备注
职业素养（20分）	安全操作（10分）	遵守安全操作规程，操作规范，无带电更换器件等违规现象	1			
		完成工作任务的过程中无违反操作规程或因操作不当，造成器件损坏、影响其生产秩序现象	2			
		作业过程中严格落实安全岗位责任制	2			
		熟悉安全操作规章文件	1			
		经常开展职工安全操作规范培训	2			
		维修整改记录完整	2			
作品质量（80分）	工业机器人系统集成设计方案（15分）	工业机器人系统集成方案完整无缺项	2			
		工业机器人系统集成方案整体表达清晰，无逻辑错误	1			
		工业机器人系统集成方案任务目标简洁明确	1			
		工业机器人系统集成方案任务目标准确表达装配工艺要求	1			
		工业机器人系统集成方案具有可行性分析，表达清晰，有数据支撑	1			
		工业机器人系统集成方案可行性分析的调研数据充分、准确	2			
		工业机器人系统集成方案的技术性能指标能达到工艺要求	2			
		工业机器人系统集成方案符合经济指标，系统方案具有可执行的经济效益设计	2			
		工业机器人系统集成方案的安全性能指标体现有设备安全、用电安全、人身安全的保护设计	2			
		工业机器人系统集成方案符合可靠性指标	1			

续附表16

考核内容		考核点及评分要求	分值	扣分	得分	备注
作品质量（80分）	工业机器人及周边控制设备检查（15分）	工业机器人安装牢固无晃动	2			
		工业机器人系统集成各工装夹具安装准确无松动	2			
		装配生产线气路部分安装合理、无漏气现象	1			
		导线选择线径符合要求	1			
		导线颜色选择正确	1			
		冷压端子选择符合要求	1			
		工具使用正确、合理	1			
		导线制作规范，冷压端子压制正确	1			
		导线必须沿线槽内走线	1			
		安装导线无裸露铜线现象	1			
		安装导线无松动现象	1			
		器件外部不允许有直接连接的导线，线槽出线应整齐美观	1			
		线路连接、套管、标号符合工艺要求	1			
	现场陈述及沟通（10分）	全面且客观地介绍和评价设计方案	2			
		方案整体情况阐述清晰合理	2			
		语言表达清晰准确	1			
		问题回答针对性强	2			
		回答内容连贯、条理清楚	2			
		回答内容真实可信	1			

续附表16

考核内容		考核点及评分要求	分值	扣分	得分	备注
作品质量（80分）	柔性生产线装配（35分）	功能测试时无短路、烧毁设备等情况	2			
		装配柔性生产线具有区域门禁监视功能	2			
		装配柔性生产线具有紧急停止功能	1			
		装配柔性生产线在运行过程中，没有发生工业机器人碰撞现象	2			
		装配柔性生产线的工业机器人外围设备运行平稳，无设备冲击、振动等现象	2			
		柔性生产线能实现软硬件设备联机测试	2			
		柔性生产线能正确启动	2			
		柔性生产线能实现零件3和零件4的装配工序，实现下盖装配	2			
		柔性生产线能实现零件3的密封条的安装	2			
		柔性生产线能实现零件1的涂胶工序	2			
		柔性生产线能实现零件1和零件2的装配工序，实现上盖装配	2			
		柔性生产线能实现上、下盖的装配	2			
		柔性生产线能实现上盖的螺钉固定装配	2			
		柔性生产线能实现零件5的装配	2			
		柔性生产线能实现零件6的装配	2			
		柔性生产线能实现零件6的螺钉固定装配	2			
		柔性生产线能对装配成品搬运至物料箱	2			
		柔性生产线能对物料箱完成2个成品的摆放任务	2			

续附表16

考核内容		考核点及评分要求	分值	扣分	得分	备注
作品质量（80分）	产能与性能指标（5分）	装配柔性生产线产能达到300个/小时	2			
		零件装配精度能小于0.1 mm的误差	1			
		零件的涂胶涂幅满足2 mm的要求	1			
		柔性生产线能实现产品的追溯功能	1			

12. JN2-3-1 基于智能化边缘计算系统生产线改造升级方案（附表17）

附表17　基于智能化边缘计算系统生产线改造升级方案考核评分标准

项目2-3-1：智能化边缘计算系统应用

考核时长：30分钟	考核地点：企业	考核方式：改造方案审读+PPT分享展示+回答专家提问

任务描述：以小组为单位，自主选择智能化边缘计算系统搭建方式、设备和工业云平台服务，设计用于装备制造企业传统生产线智能化升级改造的智能化边缘计算系统改造、集成方案，充分应用工业云平台、人工智能技术优化生产安排和进度，提升生产效率和产品良率；制作演示PPT，汇报设计方案，回答专家评委和企业技术骨干提问

操作设备：（1）投影仪；（2）电脑

操作材料：（1）PPT；（2）改造升级方案

评分标准

考核内容		考核点及评分要求	分值	扣分	得分	备注
作品质量（70分）	边缘计算系统搭建方式与设备选型（20分）	边缘计算系统搭建方式和技术路线选择合理，与现有生产线系统契合性强	5			
		搭建方式符合成本、可靠性评价依据，具有明显的使用效能、后期维保优势	5			
		设备选型、配置合理，功能完善，能够有效满足边缘计算系统运行需求	10			

续附表17

考核内容		考核点及评分要求	分值	扣分	得分	备注
作品质量（70分）	工业云平台服务配置与设计（30分）	工业云平台选择符合当前主流技术需求，国产服务提供商优先	5			
		云平台服务部署方案符合智能化边缘计算系统实施需求	5			
		人工智能模型输入、输出参数配置完善，决策机及专家系统符合生产线运行实际情况	10			
		人工智能系统能够有效对生产线生产节拍、调度规划进行分析调整，提升生产效率	10			
	改造、集成实施方案（20分）	整体改造、集成方案性能指标完备，功能完整	5			
		成本核算合理、真实	5			
		安全设计合理，并有安全性能测试步骤描述	5			
		功能测试、产能预测等步骤详细	5			
汇报及回答问题（30分）	汇报（20分）	能简明、清晰地陈述方案目的和基本技术性能指标	8			
		能对方案设计可行性进行清晰、明了的分析阐述	6			
		能对方案整体经济性、安全性、可靠性等指标进行评价和说明	6			
	回答问题（10分）	回答考核专家提出的问题正确，语言较流畅，逻辑性强	10			

（三）专业教学能力模块

1. JN3-1-1 行业企业调研（附表18）

附表18 行业企业调研考核评分标准

项目3-1：行业企业调研

考核时长：30分钟	考核地点：培训教室	考核方式：资料审查+汇报展示

任务描述：以小组为单位，在实施专业或课程调研的基础上，汇报调研的准备、实施和总结阶段的工作，提交调研方案和调研报告

操作设备：（1）投影仪；（2）电脑

操作材料：（1）PPT；（2）相关资源

评分标准

考核内容		考核点及评分要求	分值	扣分	得分	备注
作品质量（80分）	调研方案（15分）	调研目的明确，调研对象具有代表性	5			
		调研内容完善且与调研目的匹配	5			
		调研方式科学可行，调研组织过程安排合理	5			
	调研工具（15分）	调研问卷或访谈提纲设计思路清晰，针对性强	5			
		调研工具内容设置科学、合理，呈现方式合适	5			
		调研工具格式规范，可信度高，效果好	5			
	调研报告（50分）	调研实施有序进行，符合调研方案的安排	10			
		资料整理及时，方法正确，分析准确	10			
		调研结果呈现客观、真实，调研结论提炼到位	10			
		内容全面、科学，格式规范，语句通顺，能够客观、真实反映调研情况	20			

续附表 18

考核内容		考核点及评分要求	分值	扣分	得分	备注
汇报 (20分)	汇报 (15分)	能简明、清晰地陈述调研的设计、实施过程及成果	5			
		表达流畅，思路清晰，重点突出	5			
		PPT 辅助表达，过程资料呈现清晰	5			
	回答问题 (5分)	准确回答问题，语言流畅，逻辑性强	5			

2. JN3-2-1 典型工作任务分析(附表 19)

附表 19　典型工作任务分析考核评分标准

项目 3-2：典型工作任务分析

考核时长：30分钟	考核地点：培训教室	考核方式：资料审查+汇报展示

任务描述：以小组为单位，组织一次实践专家访谈会，归纳自动化类(电气自动化技术、机电一体化技术、工业机器人技术)专业典型工作任务，制作 PPT 并进行汇报

操作设备：(1)投影仪；(2)电脑

操作材料：(1)PPT；(2)文本资源

评分标准

考核内容		考核点及评分要求	分值	扣分	得分	备注
实践专家 访谈会 (80分)	会前准备 (15分)	会务方案的格式规范、要素齐全、职责分明、经费预算合理	5			
		会议通知清晰明了，日程安排合理	5			
		邀请函、证件、资料、场地、设备等准备到位	5			

续附表 19

考核内容		考核点及评分要求	分值	扣分	得分	备注
实践专家访谈会（80分）	实施访谈（55分）	主持人熟悉会议流程及具体各环节的工作要求，能够引导实践专家进行典型工作任务的分析	5			
		组织专家讨论，确定专业的主要职业岗位	5			
		组织专家回忆和讨论，按照一定的逻辑关系，划分自动化类(电气自动化技术、机电一体化技术、工业机器人技术)专业的主要职业阶段	5			
		组织专家陈述自己的成长历程，回忆不同职业发展阶段的代表性工作任务	10			
		组织专家填写各职业阶段的代表性工作任务，每个阶段3~5个	10			
		完成由代表性工作任务到典型工作任务的分析，形成15~20条典型工作任务	10			
		组织专家分别对访谈后形成的典型工作任务逐条进行具体描述	10			
	会后总结（10分）	及时进行会议小结，并形成会议纪要	5			
		会议纪要的格式规范、要素齐全，内容能够反映实践专家访谈会的概貌，对会议形成观点的提炼客观、真实	5			
汇报（20分）	汇报（15分）	能简明、清晰地陈述实践专家访谈会的策划、组织和实施过程及成果	5			
		表达流畅，思路清晰，重点突出	5			
		PPT辅助表达,过程资料呈现清晰	5			
	回答问题（15分）	准确回答问题，语言流畅，逻辑性强	5			

3. JN3-3-1 课程体系开发(附表 20)

附表 20　课程体系开发考核评分标准

项目 3-3：课程体系开发

考核时长：30 分钟	考核地点：培训教室	考核方式：资料审查+汇报展示

任务描述：学员以小组为单位，基于对调研资料的分析，重构自动化类(电气自动化技术、机电一体化技术、工业机器人技术)专业课程结构，制订 1 门核心课程的课程标准饥和 1 门实践课程标准；提交以上文本资料，制作 PPT 进行汇报

操作设备：(1)投影仪；(2)电脑

操作材料：(1)PPT；(2)文本资料

评分标准

考核内容		考核点及评分要求	分值	扣分	得分	备注
文本资料 (80 分)	专业课程体系 (40 分)	职业能力分析过程科学，能力结构符合培养目标和岗位胜任力要求	10			
		优化或重构的课程体系逻辑关系清晰，符合新型模块化课程结构要求	20			
		课程结构设计合理，课程之间边界清晰、无交叉或重复设置课程	5			
		课程能够满足主要岗位胜任力的培养要求	5			
	课程标准 (20 分)	文本规范，格式体例符合要求	5			
		课程培养目标明确，培养规格符合岗位胜任力要求，课程内容能准确对接相应工作岗位典型工作任务要求	5			
		教学模式或方法对接实际工作岗位工作方法或流程，课程评价方法和保障措施明确	5			
		能够应用于实际教学中	5			

续附表 20

考核内容		考核点及评分要求	分值	扣分	得分	备注
文本资料（80分）	实践课程标准（20分）	实践课程设置科学、合理、符合专业特点和学生认知规律	5			
		实践教学内容符合自动化类（电气自动化技术、机电一体化技术、工业机器人技术）专业典型工作任务的实践能力要求	5			
		实践课程标准文本规范，格式符合要求	5			
		培养目标和培养规格明确，教学内容对接岗位典型工作任务要求，教学模式、评价方法、教学保障等符合课程教学要求	5			
汇报（20分）	汇报（15分）	能简明、清晰地陈述课程体系、课程标准开发的理念、方法、开发过程及成果	5			
		表达流畅，思路清晰，重点突出	5			
		PPT 辅助表达，过程资料呈现清晰	5			
	回答问题（5分）	准确回答问题，语言流畅，逻辑性强	5			

4. JN3-4-1教学案例开发（附表21）

附表21　教学案例开发考核评分标准

项目3-4：教学资源开发

考核时长：30分钟	考核地点：培训教室	考核方式：资料审查+汇报展示

任务描述：根据本人任教课程特点，开发标准化教学案例，优化课程教案；并基于课程典型工作任务教学需要，开发信息化教学资源，提交以上文本资料，制作PPT进行汇报

操作设备：（1）投影仪；（2）电脑

操作材料：（1）PPT；（2）教学资源

评分标准

考核内容		考核点及评分要求	分值	扣分	得分	备注
文本资料（80分）	教学案例（20分）	案例的格式、体例符合要求	5			
		教学案例数量合适，能够满足一门课程教学需要	10			
		案例源于自动化类（电气自动化技术、机电一体化技术、工业机器人技术）专业工作实际岗位，同时符合课程教学目标达成的需要	5			
	信息化教学资源（60分）	典型工作任务设计科学，满足岗位胜任力要求	5			
		基于典型工作任务教学需要进行教学资源的设计	5			
		教学资源设计科学，类型合适，数量充足，能够满足线上线下教学和考核评价的需求	40			
		教学资源质量较高，具有一定数量的原创性资源	10			

续附表 21

考核内容		考核点及评分要求	分值	扣分	得分	备注
汇报 (20分)	教学展示 (10分)	能简明、清晰地陈述教学案例开发的理念、方法、开发过程及成果	5			
		表达流畅，思路清晰，重点突出	5			
		PPT 辅助表达，过程资料呈现清晰	5			
	回答问题 (10分)	准确回答问题，语言流畅，逻辑性强	5			

5. JN3-5-1 教学能力展示(附表 22)

附表 22　教学能力展示考核评分标准

项目 3-5：教学能力训练

考核时长：30 分钟	考核地点：培训教室	考核方式：资料审查+教学片段展示+汇报展示

任务描述：根据企业实践所学，从本人任教课程中遴选 1 次课的内容，优化教学设计，提交教案；遴选其中一个相对独立的内容进行 10~15 分钟现场无学生的教学展示；回答现场专家提问

操作设备：(1)投影仪；(2)电脑

操作材料：(1)PPT；(2)教案及其他教学资源

评分标准

考核内容		考核点及评分要求	分值	扣分	得分	备注
文本 资料 (30分)	教案 (20分)	教案应包括授课信息、任务目标、学情分析、活动安排、课后反思等教学基本要素	5			
		设计合理、重点突出、规范完整、详略得当，能够有效指导教学活动的实施	5			
		教案侧重体现具体的教学内容及处理、教学活动及安排	10			
	PPT (10分)	设计合理，美观大方	5			
		资源准备合适，满足教学需要	5			

续附表 22

考核内容		考核点及评分要求	分值	扣分	得分	备注
现场教学（50分）	教学展示（50分）	充分展现新时代职业院校教师良好的师德师风、教学技能和信息素养	10			
		教学态度认真，严谨规范，表述清晰，亲和力强	10			
		引导学生树立正确的理想信念、学会正确的思维方法、培育正确的劳动观念、增强学生职业荣誉感	10			
		能够创新教学模式，给学生深刻的学习体验	10			
		能够与时俱进地提高信息技术应用能力、教研科研能力	10			
教师素养（20分）	教学展示（10分）	教态自然，语言流畅，表达规范	5			
		思路清晰，重点突出	5			
	回答问题（10分）	回答提问聚焦主题、科学准确、思路清晰、逻辑严谨	10			

(四) 专业发展能力模块

1. JN4-1-1 非标自动化设备设计说明书(附表 23)

附表 23　非标自动化设备设计说明书考核评分标准

项目 4-1: 应用技术研究

考核时长: 30 分钟	考核地点: 企业	考核方式: 非标自动化设备设计说明书审阅+PPT 分享展示+回答专家提问

任务描述: 以小组为单位, 学员根据提供的非标自动化设备的技术需求, 完成非标设备方案设计说明书, 制作 PPT 分享成果, 回答考评专家提问

操作设备: 电脑、多媒体设备

操作材料: (1) PPT; (2) 非标自动化设备设计说明书

评分标准

考核内容		考核点及评分要求	分值	扣分	得分	备注
作品质量 (70分)		设计方案说明书结构清晰, 描述准确, 内容完整	10			
		方案设计客观可行、性价比较高	10			
		技术路线条理清晰、逻辑性强, 机械和电气功能模块划分准确	15			
		方案比较研究分析到位	10			
		技术上具备先进性,有一定的创新	15			
		电气原理图、安装图纸设计完善, 绘制规范	5			
		方案实施能有效提高生产效率	5			
分享展示及回答问题 (30分)	汇报 (20分)	能简明、清晰地陈述设计方案的总体思路、技术路线以及具备的优势和创新点	20			
	回答问题 (10分)	回答考核专家提出的问题正确, 语言较流畅, 逻辑性强	10			

2. JN4-2-1 非标设备推广策划方案(附表24)

附表24 非标设备推广策划方案考核评分标准

项目4-2:社会服务

考核时长:30分钟	考核地点:企业	考核方式:非标设备推广策划方案审阅+PPT分享展示+回答专家提问

任务描述:以小组为单位,学员根据提供的非标设备应用情况和用户需求情况,完成非标设备推广策划方案,制作PPT分享成果,回答考评专家提问

操作设备:电脑、多媒体软件

操作材料:(1)PPT;(2)非标设备推广策划方案

评分标准

考核内容		考核点及评分要求	分值	扣分	得分	备注
作品质量(70分)		非标设备推广策划方案框架清晰合理,描述准确	5			
		调研数据挖掘充分,调研结果分析针对性强	5			
		方案的可操作性和可靠性	10			
		方案体现的先进性描述	10			
		方案与同类产品的比较性优势	10			
		产生的经济效益分析	15			
		形成的社会影响分析	15			
分享展示及回答问题(30分)	汇报(20分)	能简明、清晰地陈述非标设备推广策划方案的总体思路,进行可行性分析和效益分析	20			
	回答问题(10分)	回答考核专家提出的问题正确,语言较流畅,逻辑性强	10			

附录三　结业考核评分标准

结业考核主要考核教师将企业实践能力转化为教学能力情况，具体评价标准见附表25。

附表25　高职高专院校教师企业实践结业考核评价标准

一级指标	二级指标	基本要求	分值
教学设计能力	课程整体设计	选择一门与企业实践岗位对应的课程： ①能根据调研结果和岗位能力需求分析情况优化课程培养目标； ②能根据岗位典型工作任务分析结果，优化课程内容结构； ③能优化课程标准中的课程教学方法与手段； ④能够优化课程标准中的实践教学与考核内容	20
	单元教学设计	①基于工作过程导向或成果导向，优化一个单元或一次课的教学设计； ②优化教学目标与教学内容、重点与难点、教学流程与教学组织、教学评价与自我诊改，对教学内容中的实践教学项目、操作流程、评价标准、教案等进行完善	20
教学实施能力	教学模式	能够根据企业岗位工作任务完成的模式，优化课程教学模式	5
	教学方法	能够根据教学内容和学生特点，选择合适的教学方法	5
	教学组织	基于"学生主体、教师主导"理念，围绕教学目标的达成，科学设计和安排教学活动	5
	教学评价	坚持自我评价、自我诊断，通过自评、他评等方式，及时了解教学效果，并不断改进	5
教学资源建设能力	资源收集	企业实践过程中，收集到的与课程教学有关的资源，重点说明应用于所遴选的教学内容中的资源	10
	资源开发	①根据岗位的要求和教学设计，结合课程内容特点及学生认知规律，开发满足教学需要的资源； ②教材改革情况	10
教学反思能力	学习收获	企业实践培训过程中的收获、体会、感悟等	5
	学习反思	用具体的例子，反思企业实践对自己专业能力和教学能力提升情况	15

附录四　样题

（一）过程性考核样题

各模块过程性考核评价样题见附表 26。

附表 26　各模块过程性考核评价样题一览表

培训模块	培训内容	样题	考核时间/分钟
职业素养	企业文化	JN1-1-1 企业文化学习心得 任务描述： 根据所学内容，收集、整理企业文化的内涵、价值，联系社会实际或个人的思想、工作、教学实际，撰写学习心得，制作 PPT 进行汇报 要求： ①企业文化学习心得要求逻辑结构清晰、行文通顺、排版规范，字数不少于 2000 字。主体内容应当根据学习、考察、调研内容，结合自身教学、工作实际情况，以及在以后的教学、工作中如何进一步融入装备制造业文化与先进制造业技术，传播制造业优秀价值观、质量观的思考； ②汇报展示要求内容贴合学习心得内容，紧扣主题，特色鲜明，分享人精神饱满、声音洪亮，仪态自然、大方自信，语言表达得体、流利 考核方式： 资料审查+汇报展示 考核评价： ①详见附表 2 企业文化学习研究报告考核评分标准； ②详细题例见"附录五　样题题例"	10

续附表26

培训模块	培训内容	样题	考核时间/分钟
	企业制度	JN1-2-1 企业制度学习心得 **任务描述:** 根据企业制度考察和调研内容,总结企业制度学习体会,结合实际情况探索企业制度化管理模式和保密理念融入教学、科研管理的方法,撰写学习心得,制作PPT进行汇报 **要求:** ①企业制度学习心得要求逻辑结构清晰、行文通顺、排版规范,字数不少于2000字。全面介绍员工手册内容与功能,反映企业管理、保密制度和工作流层;以及对将企业制度化管理模式和保密理念融入日常教学、科研管理的方法和途径的思考探索; ②汇报展示要求分享展示内容贴合学习心得内容,紧扣主题,特色鲜明,分享人精神饱满、声音洪亮,仪态自然、大方自信,语言表达得体、流利 **考核方式:** 资料审查+汇报展示 **考核评价:** ①详见附表3 企业制度学习心得考核评分标准; ②详细题例见"附录五 样题题例"	10
职业素养	岗位规范	JN1-3-1 岗位分析报告 **任务描述:** 根据学习、调研内容,收集、整理装备制造业典型岗位规范、岗位职责、发展趋势等,联系社会实际或个人的思想、工作、教学实际,选择相关专业面向岗位撰写岗位分析报告,制作PPT进行汇报 **要求:** ①岗位分析报告要求逻辑结构清晰、行文通顺、排版规范,字数不少于2000字。根据装备制造业典型岗位规范,结合企业实际生产情况,选择自动化类专业面向岗位,从职描述、薪资水平、岗位职责、发展趋势等方面出发,对岗位进行全面、深入的分析,探讨其与专业人才培养之间的联系和指导作用; ②汇报展示要求内容贴合学习心得内容,紧扣主题,特色鲜明,分享人精神饱满、声音洪亮,仪态自然、大方自信,语言表达得体、流利 **考核方式:** 资料审查+汇报展示 **考核评价:** ①详见附表4 岗位分析报告考核评分标准; ②详细题例见"附录五 样题题例"	15

续附表26

培训模块	培训内容	样题	考核时间/分钟
职业素养	政策法规	JN1-4-1 政策法规学习心得 任务描述： 根据所学政策法规内容，收集、整理装备制造业政策法规、行业发展前景，联系社会实际或个人的思想、工作实际，撰写学习心得，制作PPT进行汇报 要求： ①政策法规学习心得要求逻辑结构清晰、行文通顺、排版规范，字数不少于2000字。基于国家、区域装备制造业发展指标和数据，结合制造业政策法规知识，对我国制造业发展的现状和未来进行分析； ②汇报展示要求分享展示内容贴合学习心得内容，紧扣主题，特色鲜明，分享人精神饱满、声音洪亮，仪态自然、大方自信，语言表达得体、流利 考核方式： 资料审查+汇报展示 考核评价： ①详见附录表5政策法规学习心得考核评分标准； ②详细题例见"附录五　样题题例"	10
岗位核心能力	岗位基本技术	JN2-1-1 小型运动控制系统安装与调试 任务描述： 根据功能要求，正确完成自动加工装置电机的安装固定；根据电气安装工艺要求，正确完成电气线路的安装与测试；根据加工工艺要求，配置变频器、步进电机的参数，编写控制程序，完成装置的程序开发与调试 要求： 按照安全规范要求，正确利用工具，熟练完成器件安装固定，安装需牢固、运行正常；正确利用工具与仪表，熟练完成电气线路安装，安装要准确，布线美观，电动机配线、控制接线要接到端子排上，进出线槽的导线要有端子标号，引出端要用别径压端子；正确配置参数，完成控制系统的程序；通电试车完成系统功能测试。调试时，注意观察电动机，各电器元件及线路各部分工作是否正常；若发现异常情况，必须立即切断电源；调试过程如遇故障自行排除 考核形式： 以2人为一组完成考核任务 考核评价： ①详见附表6小型运动控制系统的安装与调试考核评分标准； ②详细题例见"附录五　样题题例"	180

续附表26

培训模块	培训内容	样题	考核时间/分钟
岗位核心能力	岗位基本技术	JN2-1-2 工件参数测量视觉系统构建 任务描述: 完成某流水线上的工件视觉采集系统的安装并完成工件的定位和尺寸大小的测量。配置视觉系统参数和通信参数,能准确完成视觉定位和尺寸测量,测量误差1 mm;测量结果在HMI显示系统和PLC系统中进行工件参数显示和存储 要求: 视觉镜头垂直于工件表面安装,安装牢固,不倾斜。光源安装合适,且光源强度可调;工件测量误差小于1 mm;HMI显示系统中,显示内容完整,页面设计规范 考核形式: 以2人为一组完成考核任务 考核评价: ①详见附表7工件参数测量视觉系统构建考核评分标准; ②详细题例见"附录五 样题题例"	180
		JN2-1-3 工业机器人组装电路板 任务描述: 根据工业机器人电路板装配工艺要求,确定机器人的运行轨迹,启动工业机器人工作站,配置机器人的基本参数,完成指定功能程序的编写与调试,将配件区的电子元件通过吸盘工具装配至电路板中对应位置 要求: 能够熟练工业机器人启动步骤,正确开机,运行流畅;正确配置机器人的基本参数和正确完成TCP标定操作,标定平均误差值≤0.3 mm。分析机器人的运行轨迹,完成机器人工作站程序的编写与调试,实现机器人装配电路功能。要求机器人点位示教准确,过程流畅,运行过程中无碰撞发生 考核形式: 以2人为一组完成考核任务 考核评价: ①详见附表8工业机器人组装电路板考核评分标准; ②详细题例见"附录五 样题题例"	120

续附表26

培训模块	培训内容	样题	考核时间/分钟
岗位核心能力	岗位核心技术	JN2-2-1 工业网络控制系统设计 **任务描述:** 某控制系统要求实现控制器与远程I/O之间的组网通信,通过远程I/O接口,实现控制器对电机组启停的控制功能。系统主控制器采用S7-300PLC,从控制器采用S7-1200,远程I/O设备采用ET200DP。其中主控制器S7-300PLC和远程I/O设备ET200DP均配备PROFIBUS DP通信接口,S7-300和S7-1200均配备PROFINET通信接口。电机连接在从控制器和远程I/O上,控制器S7-1200通过控制电路,经过S7-300,按照实时通信的方式,实现电机组的远程启停控制功能 **要求:** 通过分析控制系统工艺及功能,提出系统设计方案;画出系统的网络拓扑图,正确设置网络通信节点的网络地址、分配本任务要求的所有数据传输区各I/O端口地址;正确设计系统的通信程序和控制程序;并能根据设计方案完成线路安装、系统配置与系统整体调试;根据生产管理要求,制定技术文件 **考核形式:** 以2人为一个小组完成考核任务。 **考核评价:** ①详见附表9工业网络控制系统设计考核评分标准; ②详细题例见"附录五 样题题例"	120
		JN2-2-2 生产线电气线路安装与调试(电气自动化技术专业方向) **任务描述:** 根据提供的电气原理图、接线图,正确完成小型生产线电气控制系统的安装与回路测试;根据设备工艺过程,准确设计控制程序,达到控制要求;完成系统的整体调试,确保系统功能完整,达到生产工艺要求 **要求:** 线路敷设横平竖直,不交叉、不跨接、整齐、美观;导线压接坚固、规范、不伤线芯;编码管齐全。气路连接时元件安装可靠、整齐、到位;保持元件完好无损;气动电磁阀元件安装可靠、整齐、到位;保持元件完好无损。系统控制程序的编写合理,达到控制要求。确保系统功能完整,达到生产工艺要求。技术文档编写规范 **考核形式:** 以2人为一个小组完成考核任务 **考核评价:** ①详见附表10生产线电气线路安装与调试考核评分标准; ②详细题例见"附录五 样题题例"	180

续附表26

培训模块	培训内容	样题	考核时间/分钟
岗位核心能力	岗位核心技术	JN2-2-3 生产线优化与升级(电气自动化技术专业方向) 任务描述: 生产线加盖单元现有工作节拍是5S,请分析生产线加盖单元工作流程,结合系统控制硬件构成与系统控制程序,将生产线加盖单元的生产节拍调整到4S,并增加一个已加工完成工件计数与显示装置 要求: 能正确分析生产工艺及功能,提出改造方案,并根据改造方案完成电路设计、控制程序编制与系统整体调试;根据生产管理要求,制定技术文件。优化升级后整体生产节拍提升,生产效益提高,功能完善 考核形式: 以2人为一个小组完成考核任务 考核评价: ①详见附表11生产线优化与升级考核评分标准; ②详细题例见"附录五 样题题例"	180
		JN2-2-4 数控机床装调与维修(机电一体化技术专业方向) 任务描述: 根据电气原理图,选择合适元器件,按照电气线路布局、布线的基本原则,完成变频主轴控制回路的连接与调试。检测数控机床急停、系统启动、轴回参考点控制回路,记录并排除故障;请在排除故障成功上电后,完成变频器参数和系统参数的设置。实现使用变频器控制主轴电机的无级调速功能。要求故障现象描述准确,故障原因分析及故障处理方法得当,维修工艺文件撰写全面 要求: 根据数控机床的机械原理图、电气原理图、机械装配图等技术文件,合理使用相关仪器仪表、软件,完成数控机床的故障判断,并完成数控机床的机械、电气等故障检修,使数控机床运行正常。要求故障现象描述准确,故障原因分析及故障处理方法得当,维修工艺文件撰写全面 考核形式: 以2人为一个小组完成考核任务 考核评价: ①详见附表12数控机床装调与检修考核评分标准; ②详细题例见"附录五 样题题例"	180

续附表26

培训模块	培训内容	样题	考核时间/分钟
岗位核心能力	岗位核心技术	JN2-2-5 数控机床改造升级（机电一体化技术专业方向） 任务描述： 根据数控机床升级改造的要求，编制合理的数控机床升级改造方案，利用相关软件和工具，完成数控机床的升级改造，并完善数控机床的功能。要求参数设置合理，功能扩展和开发完善，加工程序编写准确合理 要求： 根据数控机床升级改造的要求，编制合理的数控机床升级改造方案，要求方案设计合理，能完成数控机床增加适应智能化需要的自动门、自动夹具的功能要求。利用相关软件和工具，完成数控机床的升级改造，并完善数控机床的功能，工艺上要求线路敷设横平竖直，不交叉、不跨接、整齐、美观，气路连接时元件安装和气动电磁阀元件可靠、整齐、到位，能对数控系统、在机测头等数据进行采集，实现数据相互通信，以及数据的备份，完成关节机器人与加工中心的信号、数据、逻辑对接，通过示教编程实现加工中心自动上下料功能。能熟练运用编程工具进行手动加工程序编制，加工程序设计合理。调试要求数控机床参数调整合理，伺服系统参数调整合理，达到伺服优化的要求，自动门和自动夹具的联调测试，自动门、自动夹具、光栅尺运行测试达到设计要求，改造升级系统整体功能达到设计要求 考核形式： 以2人为一个小组完成考核任务 考核评价： ①详见附表13数控机床升级改造考核评分标准； ②详细题例见"附录五 样题题例"	120

续附表26

培训模块	培训内容	样题	考核时间/分钟
岗位核心能力	岗位核心技术	JN2-2-6 工业机器人装配单元应用编程(工业机器人技术专业方向) 任务描述： 根据工作任务，完成工业机器人、PLC 程序、视觉检测程序的设计并调试，使工业机器人实现工件自动上料、输送、检测、装配和入库全过程的控制要求，并确保工业机器人正常安全运行 要求： 通过分析控制系统工艺及功能，完成 PLC 程序、工件类型识别；正确设计工业机器人程序，完成工件的装配；准确识别工件信息，实现成品的入库操作。任务实施过程中，遵守安全操作规程，工业机器人无碰撞、停顿等异常情况 考核形式： 以 2 人为一个小组完成考核任务 考核评价： ①详见附表14 工业机器人装配单元应用编程考核评分标准； ②详细题例见"附录五　样题题例"	180
		JN2-2-7 工业机器人定期点检(工业机器人技术专业方向) 任务描述： 根据机器人维护与保养手册和定期点检表，对机器人进行定期维护，并填写好定期点检表。点检内容包括：清洁工业机器人、检查工业机器人线缆、检查轴 1 机械限位、检查轴 2 机械限位、检查轴 3 机械限位、检查信息标签、检查同步带、更换电池组 要求： 能根据防护等级选择正确的工业机器人清洁方法，安全措施和清洁工作到位；能按正确步骤和方法完成工业机器人各部分线缆、各轴机械限位、信息标签的检查工作；能对同步带的张力、损坏和磨损等情况进行分析和处理。能按照工艺要求，按正确步骤和流程完成机器人电池组的更换并完成各项参数的调试；能按照规范要求完成工单和定期点检表的填写 考核形式： 以 2 人为一个小组完成考核任务 考核评价： ①详见附表15 工业机器人定期点检考核评分标准； ②详细题例见"附录五　样题题例"	180

续附表26

培训模块	培训内容	样题	考核时间/分钟
岗位核心能力	岗位核心技术	JN2-2-8 工业机器人系统集成 任务描述： 根据培训期间完成的工业机器人系统，对工业机器人系统进行验收，要求产量能达到 300 个/小时；具备安全保护、生产过程的可追溯等功能 要求： 设计方案说明书结构清晰，描述准确，内容完整；设计方案安全可行，性价比较高；设计方案功能完整，性能指标完备，能满足要求；现场陈述表达清晰、逻辑清楚。柔性生产线演示之前完成通电安全检测，防止设备出现短路、机器人碰撞等安全事故；工业机器人系统集成的装配流程、装配工艺和产能达到生产要求 考核形式： 以 3 人为一个小组完成考核任务。 考核评价： ①详见附表16 工业机器人系统集成考核评分表。 ②详细题例见"附录五　样题题例"	180
	岗位新技术	JN2-3-1 基于智能化边缘计算系统生产线改造升级方案 任务描述： 以小组为单位，自主选择智能化边缘计算系统搭建方式、设备和工业云平台服务，设计用于装备制造企业传统生产线智能化升级改造的智能化边缘计算系统建设、集成方案，充分应用工业云平台、人工智能技术优化生产安排和进度，提升生产效率和产品良率。制作演示 PPT，汇报设计方案，回答专家评委和企业技术骨干提问 要求： ①升级改造方案技术选择合理，符合行业企业主流技术路线和设备配置情况；方案结构清晰，描述准确，内容完整；系统整体性能指标完备，功能完整；成本核算合理、真实；安全设计合理，并有安全性能测试、功能测试、产能预测等步骤详细； ②汇报能够简明、清晰地陈述方案目的、可行性分析、技术性能指标、经济性评价、安全性指标、可靠性评价等指标。回答考核专家提出的问题正确，语言较流畅，逻辑性强 考核形式： 改造方案审读+PPT 分享展示+回答专家提问 考核评价： ①详见附表17 基于智能化边缘计算系统的生产线改造升级方案考核评分表； ②详细题例见"附录五　样题题例"	30

续附表26

培训模块	培训内容	样题	考核时间/分钟
专业教学能力	行业企业调研	JN3-1-1 行业企业调研 任务描述： 以小组为单位，制订调研工作方案，遴选或开发调研工具，组织实施调研工作，分析调研结果，形成专业调研报告，制作PPT分享成果，回答考评专家提问 要求： ①调研方案要素齐全、体例规范、安排合理；调研目标和对象明确、调研内容能够达到目标要求；调研问卷或访谈提纲的格式规范，内容科学，与调研目标匹配；调研组织过程安排合理，能够实施。调研报告内容全面、科学，格式规范，语句通顺，能够客观、真实反映调研情况；调研收集的资料全面、有效；调研资料整理及时、分析准确，能真实反映并支撑调研目标；调研结果呈现客观、真实，分析方法正确；调研结论提炼到位； ②分享展示清晰地陈述调研的设计、实施过程及成果，表达流畅，思路清晰，重点突出，PPT辅助表达，过程资料呈现清晰。回答问题准确，语言流畅，逻辑性强 考核形式： 资料审查+汇报展示 考核评价： ①详见附表18行业企业调研考核评分标准； ②详细题例见"附录五　样题题例"	30

续附表26

培训模块	培训内容	样题	考核时间/分钟
专业教学能力	分析典型工作任务	JN3-2-1 典型工作任务分析 任务描述： 以小组为单位，制订实践专家访谈会的工作方案，做好会务准备、并组织会议，形成工业机器人应用与维护专业领域(工业机器人技术、电气自动化技术、机电一体化技术)典型工作任务分析表，会后对该项工作进行小结，撰写会议纪要，制作PPT分享成果，回答考评专家提问 要求： ①访谈方案的格式规范，要素齐全，职责分明，经费预算合理；典型工作任务的数据分析准确，结论提炼到位，能支撑工业机器人应用与维护专业领域(工业机器人技术、电气自动化技术、机电一体化技术)专业课程体系和课程内容结构；对典型工作任务的分析及描述客观、规范，使用专业术语。会议纪要的格式规范，要素齐全；内容能够反映实践专家访谈会的概貌；对会议形成观点的提炼客观、真实； ②汇报能清晰地陈述调研专家访谈会的策划、组织和实施过程及成果，表达流畅，思路清晰，重点突出，PPT辅助表达，过程资料呈现清晰。回答问题准确，语言流畅，逻辑性强 考核形式： 实践专家访谈会议纪要审阅+PPT分享展示+回答专家提问 考核评价： ①详见附表19典型工作任务分析考核评分标准； ②详细题例见"附录五 样题题例"	30

续附表26

培训模块	培训内容	样题	考核时间/分钟
专业教学能力	开发课程体系	JN3-3-1 课程体系开发 任务描述： 以小组为单位，基于对调研资料的分析，按照一定的逻辑关系，重构工业机器人应用与维护专业领域(电气自动化技术、机电一体化技术、工业机器人技术)课程体系，优化一门核心课程的课程标准，构建本专业的实践性教学体系，开发一门实践课程的课程标准，制作PPT分享成果，回答考评专家提问 要求： 岗位确定符合自动化类(电气自动化技术、机电一体化技术、工业机器人技术)专业定位和特色；能力结构符合培养目标和岗位胜任力要求；优化或重构的课程体系逻辑关系清晰，课程能够满足主要岗位胜任力的培养要求。课程标准文本规范，格式体例符合要求，课程培养目标明确，培养规格符合岗位胜任力要求，课程内容能准确对接相应工作岗位典型工作任务要求，教学模式或方法对接实际工作岗位工作方法或流程，课程评价方法和保障措施明确，能够满足课程教学需要。汇报能清晰地陈述课程体系、课程标准开发的理念、方法、开发过程及成果，表达流畅，思路清晰，重点突出，PPT辅助表达，过程资料呈现清晰。回答问题准确，语言流畅，逻辑性强 考核形式： 专业课程体系和课程标准审核+PPT分享展示+回答专家提问 考核评价： ①详见附表20课程体系开发考核评分标准； ②详细题例见"附录五 样题题例"	30

续附表26

培训模块	培训内容	样题	考核时间/分钟
专业教学能力	教学资源开发	JN3-4-1教学案例开发 任务描述： 以小组为单位，基于任教课程对应工作岗位的企业实践，进行教学资源的开发，优化任教课程的教学案例，完善任教课程的题库，基于线上线下教学要求，建设或完善信息化教学资源。制作PPT分享成果，回答考评专家提问 要求： ①教学案例数量合适，能够满足一门课程教学需要；案例的格式、体例符合要求；案例源于自动化类(工业机器人技术、电气自动化技术、机电一体化技术)专业工作实际岗位，同时符合课程教学目标达成的需要。教学资源设计科学、类型合适、数量充足，能够满足线上线下教学和考核评价的需求； ②汇报能清晰地陈述教学资源开发的理念、方法、开发过程及成果，表达流畅，思路清晰，重点突出，PPT辅助表达，过程资料呈现清晰。回答问题准确，语言流畅，逻辑性强 考核形式： 教学案例和教学资源审核+PPT分享展示+回答专家提问 考核评价： ①详见附表21教学案例开发考核评分标准； ②详细题例见"附录五 样题题例"	30

续附表26

培训模块	培训内容	样题	考核时间/分钟
专业教学能力	教学能力培训	JN3-5-1 教学能力展示 任务描述： 以小组为单位，优化1次课的教学设计，书写教案，组织实施教学，进行教学效果评价和反思，完成8~10分钟左右的无学生现场教学展示，对本次课的教学设计、实施、评价和反思情况进行小结和汇报，回答考评专家提问 要求： 教案要素齐全，设计合理、重点突出、规范完整，能够有效指导教学活动的实施，体现具体的教学内容及处理、教学活动及安排。现场教学充分展现新时代职业院校教师良好的师德师风、教学技能和信息素养；教学态度认真、严谨规范、表述清晰、亲和力强；引导学生树立正确的理想信念、学会正确的思维方法、培育正确的劳动观念、增强学生职业荣誉感；能够创新教学模式，给学生深刻的学习体验；能够与时俱进地提高信息技术应用能力、教研科研能力。教态自然，语言流畅，表达规范，思路清晰，重点突出，回答问题准确，语言流畅，逻辑性强 考核形式： 教案审核+现场教学 考核评价： ①详见附表22 教学能力展示考核评分标准； ②详细题例见"附录五　样题题例"。	

续附表26

培训模块	培训内容	样题	考核时间/分钟
专业发展能力	应用技术研究	JN4-1-1 非标自动化设备设计说明书 任务描述： 以小组为单位，学员根据提供的非标自动化设备的技术需求，完成非标设备方案设计说明书，制作PPT分享成果，回答考评专家提问 要求： 设计方案说明书结构清晰，描述准确，内容完整；方案设计客观可行、性价比较高；技术路线条理清晰、逻辑性强，机械和电气功能模块划分准确；方案比较研究分析到位；技术上具备先进性，有一定的创新；电气原理图、安装图纸设计完善，绘制规范；方案实施能有效提高生产效率 考核形式： 以3人为一组完成考核任务 考核评价： ①详见表23非标设备自动化设计考核评分标准； ②详细题例见"附录五 样题题例"	30
	社会服务	JN4-2-1 非标设备推广策划方案 任务描述： 以小组为单位，调研2~3家非标现场的设备应用，根据企业提供的终端客户交流书，落实客户需求，编制非标设备推广策划方案，制作PPT分享成果，回答考评专家提问 要求： 推广策划方案框架清晰合理；调研数据挖掘充分，调研结果分析针对性强；推广设备的可操作性和可靠性高；方案的可操作性和可靠性、先进性、与同类产品的比较性优势描述朱雀，经济效益和社会影响分析到位 考核形式： 以2人为一组完成考核任务 考核评价： ①详见附表24非标设备推广策划方案考核评分标准； ②详细题例见"附录五 样题题例"	30

(二) 结业考核样题

从本专业课程中自选一门课程的一个教学单元, 吸纳企业实践中所学习的知识和技能, 按照成果导向或工作过程系统化理念, 优化课程整体设计和单元设计, 重点完成一个项目或一次课程的教学设计, 并准备完成本项目或本次课教学需要的教学资源。格式不限, 但必须至少包括以下内容: (1)课程整体设计; (2)单元设计; (3)1 个项目或 1 次课程的教学设计, 包括课题、教学内容、教学目标、学情分析、教学重点、教学难点、教学方法、教学手段、教学活动安排(教师活动、学生活动、支撑的媒体、教学评价等), 附上需要的教学资源。

附录五　样题题例

（一）过程性考核样题

1. JN1-1-1 企业文化学习心得

（1）任务描述。

1）任务。

请根据企业文化项目学习研讨收获，结合社会实际和个人教学、工作经验，完成以下任务：

①进一步理解企业文化内涵、价值及其功能，思考如何将企业文化融入教学内容。

②将企业文化项目学习研讨收获、个人思考内容进行提炼、总结，撰写学习心得。

③制作汇报 PPT 并进行分享展示。

2）要求

①企业文化学习心得要求逻辑结构清晰、行文通顺、排版规范，字数不少于 2000 字。

②主体内容应当根据学习、考察、调研内容，结合自身教学、工作实际情况，反思在以后的教学、工作中如何进一步融入装备制造业文化与先进制造业技术，传播制造业优秀价值观、质量观。

③汇报展示要求内容贴合学习心得内容，紧扣主题，特色鲜明，分享人精神饱满、声音洪亮，仪态自然、大方自信，语言表达得体、流利。

（2）实施条件。

实施条件见附表 27。

附表 27　企业文化学习心得实施条件

项目	基本实施条件
场地	采光、照明、通风良好的多媒体教室
设备	投影仪、电脑等
测评专家	测评专家要求具备行业企业工作经历，了解行业企业文化和文化培训方法、手段，熟悉高职教育

（3）考核时量。

考试时间：10分钟。

（4）评分标准。

评分标准见附表2企业文化学习心得考核评分标准。

2. JN1-2-1 企业制度学习心得

（1）任务描述。

1）任务。

请根据企业制度项目学习研讨收获，结合社会实际和个人教学、工作经验，完成以下任务：

①依据项目考察、调研内容，总结企业制度学习体会；结合自己的教学、科研工作实际情况，探索将企业制度化管理模式和保密理念融入日常教学、科研管理的方法和途径。

②将企业制度项目学习研讨收获、个人思考内容进行提炼、总结，撰写学习心得。

③制作汇报PPT并进行分享展示。

2）要求。

①企业制度学习心得要求逻辑结构清晰、行文通顺、排版规范，字数不少于2000字。

②主体内容应当全面介绍员工手册内容与功能，反映企业管理、保密制度和工作流层，并将企业制度化管理模式和保密理念融入日常教学、科研管理的方法和途径的思考探索当中。

③汇报展示要求分享展示内容贴合学习心得内容，紧扣主题，特色鲜明，分享人精神饱满、声音洪亮，仪态自然、大方自信，语言表达得体、流利。

（2）实施条件。

实施条件见附表28。

附表28　企业制度学习心得实施条件

项目	基本实施条件
场地	采光、照明、通风良好的多媒体教室
设备	投影仪、电脑等
测评专家	测评专家要求具备行业企业工作经历，了解行业企业管理、生产人事制度和相关条例，熟悉高职教育

（3）考核时量。

考试时间：10 分钟。

（4）评分标准。

评分标准见附表 3 企业制度学习心得考核评分标准。

3. JN1-3-1：岗位分析报告

（1）任务描述。

1）任务。

请根据岗位规范项目学习研讨收获，结合社会实际和个人教学、工作经验，完成以下任务：

①复习、回顾企业岗位职责、上岗条件、生产技术规程、发展路径等学习内容。

②结合自身教学、工作情况，从电气自动化技术、机电一体化技术、工业机器人技术专业的面向岗位中挑选任意目标岗位进行深入、全面分析。

③岗位分析成果、个人学习思考收获整理、提炼，形成岗位分析报告。

④制作汇报 PPT 并进行分享展示。

2）要求。

①岗位分析报告要求逻辑结构清晰、行文通顺、排版规范，字数不少于2000 字。

②根据装备制造业典型岗位规范，结合企业实际生产情况，选择机电一体化技术、电气自动化技术或工业机器人技术专业面向岗位，从职位描述、薪资水平、岗位职责、发展趋势等方面出发，对岗位进行全面、深入的分析，探讨其与专业人才培养之间的联系和指导作用。

③汇报展示要求内容贴合学习心得内容，紧扣主题，特色鲜明，分享人精神饱满、声音洪亮，仪态自然、大方自信，语言表达得休、流利。

（2）实施条件。

实施条件见附表 29。

附表 29　岗位分析报告实施条件

项目	基本实施条件
场地	采光、照明、通风良好的多媒体教室
设备	投影仪、电脑等
测评专家	测评专家要求具备行业企业工作经历，了解行业企业岗位职责和管理规范，熟悉高职教育

（3）考核时量。

考试时间：15 分钟。

（4）评分标准。

评分标准见附表 4 岗位分析报告考核评分标准。

4. JN1-4-1 政策法规学习心得

（1）任务描述。

1）任务。

请根据政策法规项目学习研讨收获，结合社会实际和个人教学、工作经验，完成以下任务：

①自主搜集资料研究、学习装备制造业相关政策法规和行业发展情境，巩固项目学习成果；同时思考如何将产业政策法规、发展前景融入教学培养。

②将政策法规项目学习研讨收获、个人研究学习成果、思考内容进行提炼、总结，撰写学习心得。

③制作汇报 PPT 并进行分享展示。

2）要求。

①政策法规学习心得要求逻辑结构清晰、行文通顺、排版规范，字数不少于 2000 字。

②基于国家、区域装备制造业发展实际数据，结合制造业政策法规知识，对我国制造业发展的现状和未来进行分析。

③汇报展示要求分享展示内容贴合学习心得内容，紧扣主题，特色鲜明，分享人精神饱满、声音洪亮，仪态自然、大方自信，语言表达得体、流利。

（2）实施条件。

实施条件见附表 30。

附表 30　政策法规学习心得实施条件

项目	基本实施条件
场地	采光、照明、通风良好的多媒体教室
设备	投影仪、电脑等
测评专家	测评专家要求具备行业企业工作经历，了解行业政策法规和发展趋势，熟悉高职教育

（3）考核时量。

考试时间：10 分钟。

（4）评分标准。

评分标准见附表 5 政策法规学习心得考核评分标准。

5. JN2-1-1 小型运动控制系统安装与调试

（1）任务描述。

1）任务。

某企业承接了钻孔加工装置的开发，完成工件的自动送料与自动钻孔。钻孔加工装置由传送带和钻孔装置两部分组成。传送带左右移动由步进电机驱动，钻孔装置的钻头旋转由变频器控制，上下移动由 1 台三相异步电动机控制。钻孔加工装置的控制要求如下：

钻孔加工装置分为自动加工工艺和手动加工工艺，由一个手动/自动切换开关控制，切换时，具有指示灯提升。

自动加工工艺为：原料经人工固定在传送带的原料区，按下启动开关，传送带上的原料向左移动 10 cm 到钻孔区域，传送带停止；传送带到位后，钻孔钻头开始以 40 Hz 的频率开始旋转工作；钻孔钻头开始旋转后，钻头开始下降加工钻孔操作；下降到 SQ1 处，钻孔完成，钻孔钻头保持旋转动作 5 秒时间；5 秒时间到，钻孔钻头开始上升；上升到 SQ2 处，钻孔钻头停止上下移动，钻头停止旋转；钻孔钻头上升到位后，传送带向左移动 5 cm，到达入库区域。到达入库区域后，入库气缸向前推动，完成入库操作。入库完成后，传送带回归原料区。

手动加工工艺为：第一次按下手动按钮，传送带从原位开始向左移动 10 cm；第二次按下手动按钮，钻孔钻头以 30 Hz 的频率开始旋转；第三次按下手动按钮，钻孔钻头开始下降，到 SQ1 处自动停止；第四次按下手动按钮，开始延时 5 秒时间；第五次按下手动按钮，钻孔钻头开始上升，到达 SQ2 处自动停止；第六次按下手动按钮，钻孔钻头停止；第七次按下手动按钮，传送带向右移动 5 cm；第八次按下手动按钮，传送带回到原位位置；第九次按下手动按钮，可以重复第一次按下手动按钮的动作过程，即循环操作。

钻孔加工装置的步进电机模块是一台 2 相步进电机，传送带与步进电机的传动采用同步带传动，传动比为 1:1，同步带轮的直径为 40 mm。钻孔钻头的频率调节采用变频器的多段速调速控制。

请按照上述的控制要求完成如下任务：

①钻孔加工装置传送带的步进电机没有安装到位，请按要求完成安装。

②根据电气原理图和安装图，完成器件的电气线路安装与调试，并完成步进驱动、变频器参数的设置与调试。

③根据控制要求，完成程序编写与调试，并进行功能演示。

④撰写技术文件，技术文件包含材料清单和钻孔加工装置的操作手册。

2）要求。

①请按照安全规范要求，完成步进电机安装固定；步进电机的安装牢固无晃动、同步带运行正常无异响；

②根据提供的电气原理图和安装图，按照安全规范要求，正确利用工具和仪表，准确完成电气元器件安装，元件在配电板上布局合理、美观，电动机配线、控制接线要接到端子排上，进出线槽的导线要有端子标号，引出端要用别径压端子；认真完成上电前、后的检测。认真检查各控制回路的接线，测量控制回路中有无短路情况。注意观察电动机，各电器元件及线路各部分工作是否正常；若发现异常情况，必须立即切断电源；调试过程如遇故障自行排除。

③参照钻孔加工装置的控制要求，正确完成变频器、步进驱动器的参数设置和功能程序的设计，并完成调试和功能演示。

④技术文件的材料清单需要表达型号、规格、数量和品牌。操作手册需要表达钻孔加工装置的铭牌参数、操作过程说明和操作注意事项等内容。

⑤具备良好的职业素养与安全意识。团队分工合理，相互协调性好，工作效率高，书写规范。着装合格，操作规范，工、量具摆放合理，没有违反安全操作规程现象，保持工位清洁卫生。

注意事项：

如遇下述设备事故：由于错接线路导致设备电路烧损；未按规程确认，撞坏设备或损坏元器件；造成人员安全事故记零分，并停止所有任务。若发现异常情况，必须立即切断电源。

（2）实施条件。

项目实施条件、工具及材料清单见附表 31 和附表 32。

附表 31　小型运动控制系统安装与调试项目实施条件

项目	基本实施条件
场地	小型运动控制系统开发工位配有 220 V、380 V 三相电源插座，铺设防静电胶板，照明通风良好
设备	三相异步电动机、步进电机、伺服电机、变频器、步进驱动器、伺服驱动器、按钮开关、可编程控制器、接线端子排、试车专用线、塑料铜芯线、线槽板、网孔板、万用表、导线若干
工具	万用表；常用电工工具（剥线钳、十字起等）
测评专家	测评专家要求具备至少一年以上企业运动控制系统安装与调试工作经验或三年以上电气线路的组装与调试实训指导经历

附表 32　小型运动控制系统安装与调试项目实施工具及材料清单

序号	名称	型号与规格	备注
1	三相异步电动机	100W	
2	步进电机+驱动器	57BYG250B	
3	伺服电机+驱动器	台达、V90	
4	变频器	V20/G120	
5	可编程控制器	西门子 S7-1200	
6	按钮开关	22mm	
7	编码套管	梅花形号码管	
8	线槽	PVC 细齿线槽 35 * 30	
9	塑料铜芯线	BV0.75	
10	螺杆、螺母、垫片	M4MM * 8MM	
11	C45 导轨	C45	
12	接线端子排	欧式绝缘端子	
13	试车专用线		
14	网孔板	600 * 700	
15	压线钳	ZQ101802	
16	剥线钳	LCJ13007	
17	尖嘴钳	DL22306	
18	斜口钳	5 寸	
19	十字起	3×75	
20	一字起	6×80	
21	万用表	MF47	
22	试电笔	氖管式	

（3）考核时量。

考试时间：180 分钟。

（4）评分标准。

评分标准见附表 6 小型运动控制系统安装与调试考核评分标准。

6. JN2-1-2 工件参数测量视觉系统构建

(1)任务描述。

1)任务。

某企业需要构建一套工业视觉检测系统,完成工件固定孔直径尺寸自动测量,工件实物如附图1所示。工件有四个固定孔,利用工业视觉检测系统,完成四个固定孔直径尺寸的测量工作,并把测量数据传送给PLC,并在HMI中显示OK、SM和NG三种结果,其中OK代表检测合格、SM代表没有工件或不是同一类型的工件、NG代表不合格。

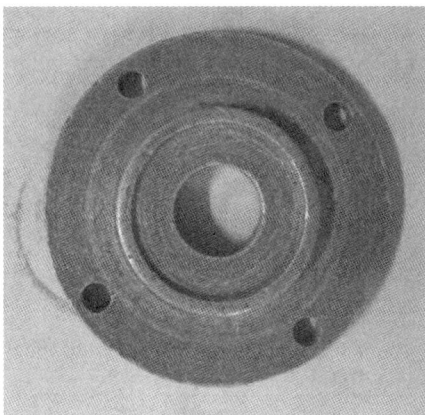

附图1 工件实物图

工业视觉检测系统由工业相机、镜头、工业相机控制器、PLC、光源、光源控制器和HMI等部件组成。工业相机采用垂直向下拍摄的安装方式;镜头与工件之间安装圆形光源,光源亮度可以调节。视觉控制器与PLC之间使用通信方式完成数据交互,当镜头下方放置有工件时,PLC自动检测到工件,并把启动拍摄的启动信号传送给工业相机控制器,工业相机控制器以此信号启动工业相机拍摄。拍摄完,工业控制器完成工件的测量工作,测量误差小于1 mm。测量结束后,把测量结果和测量结束信息传送给PLC保存,并在HMI显示单元显示测量结果。

工业视觉检测系统分为自动检测和手动检测,由一个手动/自动切换开关控制,切换不同模式时,具有不同的指示灯提示。指示灯采用的是黄、绿、红三色安全指示灯。自动状态下,黄色指示灯以1 Hz频率闪烁,表示自动模式,同时 HMI 界面中，显示"自动测量模式"6 个汉字，其他指示灯根据工作流程要求完成亮、灭操作。手动模式下，黄色指示灯以 2 Hz 频率闪烁，表示手动模式，同时 HMI 界面中，显示"手动测试模式"6 个汉字，其他指示灯根据工作流程要求完成亮、灭操作。

①自动检测过程。

按下启动按钮，流水线上的传输带开始工作，当被测工件到达检测位置，检测工件传感器检测到工件，定位气缸立即伸出，绿色指示灯 1 Hz 闪烁，黄色指示灯常亮。PLC 向工业相机控制器下达检测信号，进入自动检测状态。工业相机根据接收到的检测信号，完成拍照和识别测量工作。测量完成后，工业相机向 PLC 传送检测结果信息；PLC 接收到检测结果信息，绿色指示灯停止闪烁，黄色指示灯按自动模式下的闪烁频率继续闪烁，触摸屏显示检测结果，显示界面有三个显示内容，第一个显示内容为工作模式(自动测量模式、手动测试模式)；第二个显示内容为检测数量，以正整数显示；第三个显示内容为显示测量结果，显示结果为 OK、NG、SM 三种。PLC 接收到检测结果后，定位气缸缩回，被测工件在传输带上继续往前传输，进入分拣环节。当检测结果为 NG，被测工件进入 1 号仓位；当检测结果为 OK，被测工件进入 2 号仓位；当检测结果为 SM，被测工件进入 3 号仓位。被测工件进入仓位后，一次自动检测结束，等待第二个工件的自动测量。

②手动模式。

触摸屏界面具有一个手动界面，手动界面中有一个手动测量按钮。当进入手动模式，黄色指示灯灭，绿色指示灯常亮。当手动测量按钮被按下，工业相机开始拍照检测，检测结束后，手动界面中自动显示检测结果，如果检测结果为 SM 时，红色指示灯常亮 5 秒；当检测结果为 OK 时，红色指示灯常亮 10 秒；当检测结果为 NG 时，红色指示灯常亮 15 秒。红色指示灯灯不亮的时候，才可以按钮手动测量按钮。

请按照上述的控制要求完成如下任务：

a. 根据现场提供的工业相机镜头、工业相机控制器、光圈等器件，构建工业视觉检测单元。

b. 根据电气原理图和安装图，完成器件的电气线路安装与调试。

c. 根据控制要求，完成视觉的脚步程序和 PLC 程序的编写与调试，并进行功能演示。

d. 撰写技术文件，技术文件包含材料清单和钻孔加工装置的操作手册。

2）要求。

①按照安全规范要求，正确利用工具，完成工业视觉控制器、镜头、光圈等视觉器件的安装，构建工业视觉检测单元。

②根据提供的电气原理图，利用工具和仪表，熟练完成工业视觉控制器和PLC控制系统的电气线路安装，安装要准确，布线美观；经同意方可通电调试；调试时，注意观察各电器元件及线路各部分工作是否正常；若发现异常情况，必须立即切断电源；调试过程如遇故障自行排除。

③正确调节工业视觉的参数，正确完成视觉系统的脚本程序设计，检测功能完善，误差小于 1 mm。

④根据控制要求，正确完成功能程序的设计，并完成调试和功能演示。

⑤技术文件的材料清单需要表达型号、规格、数量和品牌。操作手册需要表达工件参数测量视觉系统的铭牌参数、操作过程说明和操作注意事项等内容。

⑥具备良好的职业素养与安全意识。团队分工合理，相互协调性好，工作效率高，书写规范。着装合格，操作规范，工、量具摆放合理，没有违反安全操作规程现象，保持工位清洁卫生。

注意事项：

如遇下述设备事故：由于错接线路导致设备电路烧损；未按规程确认，撞坏设备或损坏元器件；操作失误损坏镜头等贵重器件的，以及其他人员安全事故为零分，并停止所有任务。若发现异常情况，必须立即切断电源。

（2）实施条件。

项目实施条件、工具及材料清单见附表 33 和附表 34。

附表 33　工件参数测量视觉系统构建项目实施条件

项目	基本实施条件
场地	工位配有 220 V 电源插座，铺设防静电胶板，照明通风良好
设备	工作台、工业相机镜头、工业相机控制器、光源、光源调节器、PLC、光电传感器、塑料铜芯线、线槽板、网孔板、万用表、导线若干
工具	万用表；常用电工工具（剥线钳、十字起等）
测评专家	测评专家要求具备至少一年以上企业工业视觉组装与调试工作经验或三年以上电气线路的组装与调试实训指导经历

附表34　工件参数测量视觉系统构建项目实施工具及材料清单

序号	名称	型号与规格	备注
1	工业相机及控制器	FH L550	
2	光源及调节器	MORITEX LED	
3	可编程控制器	S7-1200PLC	
4	光电传感器	E3Z-T61	
5	线槽	PXC-40*25	
6	多芯铜线	RV0.75 mm	
7	螺杆、螺母、垫片	M4MM*8MM	
8	铝型材及辅材	20*20	
9	接线端子排	欧式绝缘端子	
10	通信线	网线	
11	压线钳	ZQ101802	
12	剥线钳	LCJ13007	
13	尖嘴钳	DL22306	
14	斜口钳	5寸	
15	十字起	3×75	
16	一字起	6×80	
17	万用表	MF47	
18	试电笔	氖管式	

（3）考核时量。

考试时间：180分钟。

（4）评分标准。

评分标准见附表7工件参数测量视觉系统构建考核评分标准。

7. JN2-1-3 工业机器人组装电路板

（1）任务描述。

1）任务。

某企业采用串联型六轴机器人实现电路板的装配工作。工业机器人能根据工艺流程，将配件区的电容、CPU通过吸盘工具装配至电路板中对应位置。

①根据工作站所提供的 IRB120 工业机器人，完成工业机器人参数配置，使工业机器人正常开机。如果出现开机异常报警，能通过示教器查看报警提示信息并处理报警。

②根据现场指定位置，完成吸盘吸气功能和夹取夹具功能的参数配置。机器人的吸气功能端口设置为 DO05，夹取夹具功能端口设置为 DO09，并将 1 号可编程按钮设置为吸盘吸气功能；2 号可编程按钮设置为夹取夹具功能。

③标定系统中的 tool1，并作为夹具的 TCP（tool center point），TCP 标定平均误差值≤0.3 mm；将工具的重量设为 1 kg。标定系统中的 wobj1，并作为指令的工件坐标系；机器人启动后自动回到原点 [机器人各关节 J1-J6 为（0，0，0，0，90，0）] 开始，任务完成后到原点结束。

④根据现场实际情况，进行工业机器人运行的轨迹的路径分析。完成示教目标点、调节机器人姿态、设置轴参数、机器人工具使能/复位等操作，以生成机器人运动轨迹路径及匹配的工具动作，操作过程要符合国家和行业标准。

完成本项目的程序运行操作，并能根据工作情况，利用示教器上的使能器、功能按钮和急停开关实现暂停、启动及停止的功能。

2）要求。

①工业机器人开机操作符合安全操作规范要求。如出现错误提示，应能在示教器中查询错误信息，并处理。

②工业机器人端口各信号的类型和功能配置符合控制要求，工具坐标系、工件坐标系等基本参数的配置操作熟练、流畅。TCP 标定操作过程中，各位置倾斜角度大于 45 度，TCP 标定平均误差应≤0.3 mm。

③机器人的运行轨迹规划合理，准确绘制工业机器人运行轨迹图，运行轨迹图应准确表示示教点位信息并编号。示教编程与调试步骤规范，工业机器人运行时，不会发生碰撞、速度过快等现象。

④具备良好的职业素养与安全意识。团队分工合理，相互协调性好，工作效率高、书写规范。着装合格，操作规范，工、量具摆放合理，没有违反安全操作规程现象，保持工位清洁卫生。

注意事项：

如遇下述设备事故：由于错接线路导致设备电路烧损；未按规程确认，撞坏设备或损坏元器件；操作失误机器人碰撞的，以及其他人员安全事故为零分，并停止所有任务。若发现异常情况，必须立即切断电源。

（2）实施条件。

项目实施条件、工具及材料清单见附表 35 和附表 36。

附表 35　工业机器人组装电路板项目实施条件

项目	基本实施条件
场地	机器人设备工位，且采光、照明良好
工具	每个工位一个工具箱，配有常用的电工工具和万用表
设备	串型六轴工业机器人及配套的工作平台
测评专家	测评专家要求具备至少三年以上企业工业机器人操作与应用编程工作经验

附表 36　工业机器人组装电路板项目实施工具及材料清单

序号	名称	型号与规格	备注
1	电路板		
2	电容		
3	电阻		
4	CPU		
5	盖板		
6	机器人工具	吸盘工具	
7	平头内六角扳手套件	09106	
8	花型内六角扳手套件	09715	
9	微型螺丝批组套	09316	
10	万用表	MF47	
11	常用电工工具包	配备一字起、十字起、尖嘴钳等基本工具	

（3）考核时量。

考试时间：120 分钟

（4）评分标准。

评分标准见附表 8 工业机器人组装电路板考核评分标准。

8. JN2-2-1 工业网络控制系统设计

（1）任务描述。

1）任务。

某控制系统要求实现控制器与远程 I/O 之间的组网通信，通过远程 I/O 接口，实现控制器对电机组启停的控制功能。由于使用的三相交流异步电动机功率较大，故采用星-三角降压启动的方式。

系统主控制器采用 S7-300PLC，从控制器采用 S7-1200，远程 I/O 设备采用 ET200DP。其中主控制器 S7-300PLC 和远程 I/O 设备 ET200DP 均配备 PROFIBUS DP 通信接口，S7-300 和 S7-1200 均配备 PROFINET 通信接口。电机 M1 连接在从控制器上，电机 M2 和 M3 分别连接在两个远程 I/O 上；控制器 S7-1200 通过通信线路，经过 S7-300，按照实时通信的方式，实现电机组的远程启停控制功能。

电机的星-三角降压启动过程为：按下启动按钮后，主接触和星型接触器得电，电动机星型启动；6 秒后星型接触器断开，再过 1 秒后三角形接触器得电，电动机三角形运转。

电动机组自动顺序启停的具体控制要求如下：该机组共有 3 台电动机，每台电机均要求星-三角降压启动。启动时，按下启动按钮，M1 启动，10 秒后 M2 自动启动，10 秒后 M3 自动启动。停止时，按下停止按钮，逆序停止，即 M3 先停止，10 秒后 M2 自动停止，再过 10 秒后 M1 自动停止。

电动机组可按照要求手动顺序启停，即启动时先启动 M1 后才能启动 M2，M2 启动后才能启动 M3。停止时先停止 M3 后才能停止 M2，M2 停止后才能停止 M1。

①系统设计。正确分析系统控制要求，画出系统的网络拓扑图；根据网络资源配置合理分配网络通信节点的网络地址，分配本任务要求的所有数据传输区各 I/O 端口地址，分配系统控制网络的 I/O 端口地址。绘制系统控制网络的硬件接线图；绘制系统程序流程图正确设计系统的通信程序与控制程序。

②完成系统的线路安装。列出元器件清单，对照接线图，完成系统的线路安装。

③完成系统配置与调试。操作软件，完成各控制器的硬件组态；完成系统通信网络连接；完成控制网络的系统配置。操作软件，进行程序的编写、修改、调试等操作；根据控制要求，完成系统的功能调试。

2）要求。

①通过分析控制系统工艺及功能，提出系统设计方案。

②画出系统的网络拓扑图，正确设置网络通信节点的网络地址、分配本任务要求的所有数据传输区各 I/O 端口地址。

③正确设计系统的通信程序和控制程序；并能根据设计方案完成线路安装、系统配置与系统整体调试。

④根据生产管理要求，制定技术文件。

（2）实施条件。

项目实施条件、工具及材料清单见附表 37 和附表 38。

附表 37　工业网络控制系统设计项目实施条件

项目	基本实施条件
场地	工业数据采集与整理工位配有 220V、380V 三相电源插座，铺设防静电胶板，照明通风良好
设备	S7-300PLC、S7-1200、ET200DP 远程 I/O、按钮、塑料铜芯线、线槽板、网孔板、万用表、导线、三相异步交流电动机、PROFIBUS DP 通信电缆、PROFINET 通信电缆
工具	万用表；常用电工工具（剥线钳、十字起等）
测评专家	测评专家要求具备至少三年以上企业工业网络组网和系统设计工作经验

附表 38　工业网络控制系统设计项目实施工具及材料清单

序号	名称	型号与规格	备注
1	PLC	S7-300	
2	PLC	S7-1200	
3	远程 I/O 设备	ET200DP	
4	按钮盒	BX3-22、BX1-22	
5	通信电缆	PROFIBUS DP、PROFINET 通信电缆	
6	三相异步交流电动机	YDE90L-1.5KW	
7	线槽	25 * 25	
8	塑料铜芯线	BV 1 mm^2	
9	C45 导轨	安装空气断路器用	
10	接线端子排		
11	压线钳		
12	剥线钳		
13	尖嘴钳		
14	斜口钳		
15	十字起	6 * 200；3 * 75	
16	一字起	6 * 200	
17	万用表	MF47	
18	试电笔		

(3)考核时量。

考试时间：120 分钟。

(4)评分标准。

评分标准见附表 9 工业网络控制系统设计考核评分标准。

9. JN2-2-2 生产线电气线路安装与调试(电气自动化技术专业方向)

(1)任务描述。

1)任务。

根据提供的电气原理图、接线图，正确完成小型生产线电气控制线路的安装与回路测试；根据设备工艺过程，准确设计控制程序，达到控制要求；完成系统的整体调试，确保系统功能完整，达到生产工艺要求。

①自动化生产线上料单元电气原理如附图 2 所示。请按照电气原理图完成电气控制线路安装。

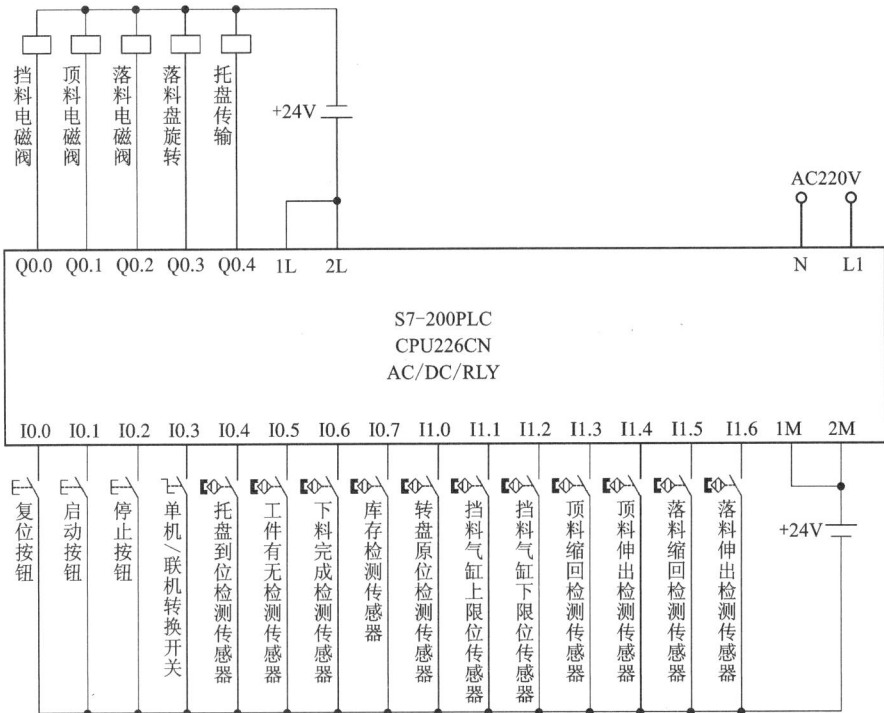

附图 2　上料单元电气原理图

②自动化生产线上料单元气动原理如附图3所示。请按照气动原理图完成气动回路安装。

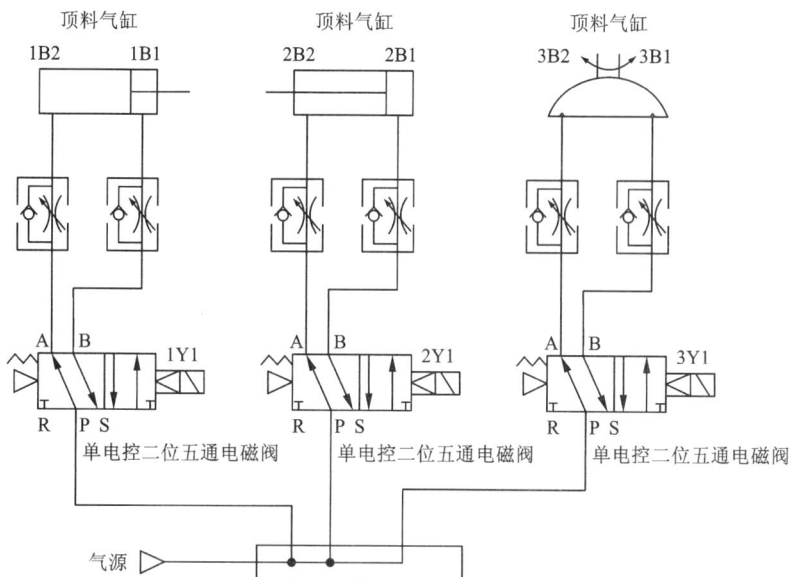

附图3 上料单元气动原理图

③根据以下控制要求,完成系统控制程序的编写与调试。

复位:按下黄色复位按钮,阻挡气缸缩回;直流减速电机动作带动四槽轮机构运行,推料转盘旋转,直至电感传感器1感应到定位标志,电机停止动作,确保各工位定位准确。复位完成。

运行:按下绿色运行按钮,阻挡气缸伸出,等待托盘到位;电感传感器2检测托盘是否到位,直至有托盘到位;顶料气缸顶住倒数第2个工件,挡料气缸缩回,使工件落到落料单元转盘上,等待落料;光电传感器1检测工位有无工件,若无则PLC向总控台告警,总控台缺料指示灯亮;若有则直流减速电机2工作带动锁止弧转动一周,锁止弧上的拨销轴承拨动四槽轮转动90度到下一个槽轮,同时带动同轴的圆柱齿轮转动90度,圆柱齿轮则带动与其啮合的一系列圆柱齿轮、圆锥齿轮同步转动90度,则推料转盘随之转动90度,推动工件滑动至落料平台落料口落下到滑道上滑至托盘;光电传感器2检测到工件信号,落料完成,阻挡气缸缩回,电机1动作传输线运行,托盘工件前往下一站,一个工作周期完成。

停止:按下红色停止按钮,当前一个工作周期完成后,本单元停止工作。

④完成系统的整体调试。

2)要求。

①按照安全生产规范要求,正确利用工具和仪表,熟练完成电气元器件安装;元件在配电板上布置要合理,安装要准确;线路敷设横平竖直、不交叉、不跨接、整齐、美观;导线压接坚固、规范、不伤线芯;编码管齐全。

②气路连接时元件安装可靠、整齐、到位;保持元件完好无损;气动电磁阀元件安装可靠、整齐、到位;保持元件完好无损。

③系统控制程序的编写合理,达到控制要求。确保系统功能完整,达到生产工艺要求。

④技术文档编写规范。

(2)实施条件。

项目实施条件、工具及材料清单见附表39和附表40。

附表39　生产线电气线路安装与调试(电气自动化技术专业方向)项目实施条件

项目	基本实施条件
场地	自动化生产线电气线路安装与调试(电气自动化技术专业方向)工位配有220 V、380 V三相电源插座,铺设防静电胶板,照明通风良好
设备	自动化生产线上料单元、按钮盒、传感器、气动元件、直流减速电机、PLC、塑料铜芯线、线槽板、网孔板、万用表、导线若干
工具	万用表;常用电工工具(剥线钳、十字起等)
测评专家	测评专家要求具备至少三年以上企业自动化生产线电气线路的安装与调试工作经验

附表40　生产线电气线路安装与调试(电气自动化技术专业方向)
项目实施工具及材料清单

序号	名称	型号与规格	备注
1	断路器	DZ47-63	
2	指示灯	AD16-22DS(AC6.3V)	
3	照明灯	AD16-22DS(AC36V)	
4	按钮盒	BX3-22、BX1-22	
5	单电控电磁阀	4V110-06	
6	双电控电磁阀	4V120-06	

续附表40

序号	名称	型号与规格	备注
7	汇流板	100-3F	
8	堵头	1/4	
9	直通	J-KJH06-01S 外螺纹直通	
10	直通	J-KJH04-01S 外螺纹直通	
11	消声器		
12	油水分离器	GFR20008F1	
13	节流阀	4M5	
14	标准气缸	CDJ2B16-75	
15	可编程控制器 PLC	S7-1214 AC/DC/AC	
16	光电传感器	MHT15-N2317	
17	金属传感器	GH1-305QA	
18	接近开关	GH1-F1710NA	
19	直流减速电机	Z24D25-24GN	
20	编码套管		
21	线槽	25*25	
22	塑料铜芯线	BV 1 mm^2	
23	螺杆、螺母、垫片	BVR 0.75 mm^2	
24		φ4*25 mm	
25	C45 导轨	安装空气断路器用	
26	接线端子排		
27	压线钳		
28	剥线钳		
29	尖嘴钳		
30	斜口钳		
31	十字起	6*200；3*75	
32	一字起	6*200	
33	万用表	MF47	
34	试电笔		

（3）考核时量。

考试时间：180 分钟。

（4）评分标准。

评分标准见附表 10 生产线电气线路安装与调试（电气自动化技术专业方向）考核评分标准。

10. JN2-2-3 生产线优化与升级（电气自动化技术专业方向）

（1）任务描述。

1）任务。

①生产线加盖单元工作过程如下：按下绿色运行按钮，阻挡气缸伸出，电机 1 动作带动传输线运行，等待托盘到位。当电感传感器 1 检测到托盘到位，如果电容传感器 1 没有检测到工件或电容传感器 1 检测到工件、电容传感器 2 检测到有工件盖，阻挡气缸缩回，放托盘到下一站，延时 2 秒，阻挡气缸出，等待下一个托盘到位当；如果托盘到位并电容传感器 1 检测到有工件、电容传感器 2 没有检测到工件盖时，延时 1 秒电机 1 停止动作，传输线停止运行。电机 2 驱动摇臂反向转动到电感传感器 2 检测到信号，电机停止转动。当光电传感器检测到有工件盖时，气缸 2 伸出，将工件盖顶起，气缸 3 伸出，将吸盘紧贴工件盖，吸盘吸气。气缸 3 缩回，提起工件盖，电机 2 带动摇臂正转，同时气缸 2 缩回。当电感传感器 3 检测到信号，电机停止转动。气缸 3 伸出，将工件盖放入工件后气缸 3 缩回，加盖完成。阻挡气缸缩回，电机 1 动作传输线运行，托盘工件前往下一站，一个工作周期完成。

加盖单元现有工作节拍是 5 秒，根据生产管理的需求，拟将生产线加盖单元的生产节拍调整到 4 秒。请分析生产线加盖单元工作流程，计算装备中各装置动作过程，建立动作关系矩阵，分析并对比装备实际生产节拍与期望生产节拍，找出瓶颈工位，结合系统控制硬件构成与系统控制程序，提出生产节拍调整方案并实施。

②自动化生产线加盖单元气动原理、电气原理如附图 4、附图 5 所示，请结合系统已有硬件与工作过程，通过适当增加硬件设施，调整控制程序，设计一个已加工完成工件的计数与显示装置。

2）要求。

①能正确分析生产工艺及功能，提出改造方案，并根据改造方案完成电路设计、控制程序编制与系统整体调试。

②根据生产管理要求，制定技术文件。优化升级后整体生产节拍提升，生产效益提高，功能完善。

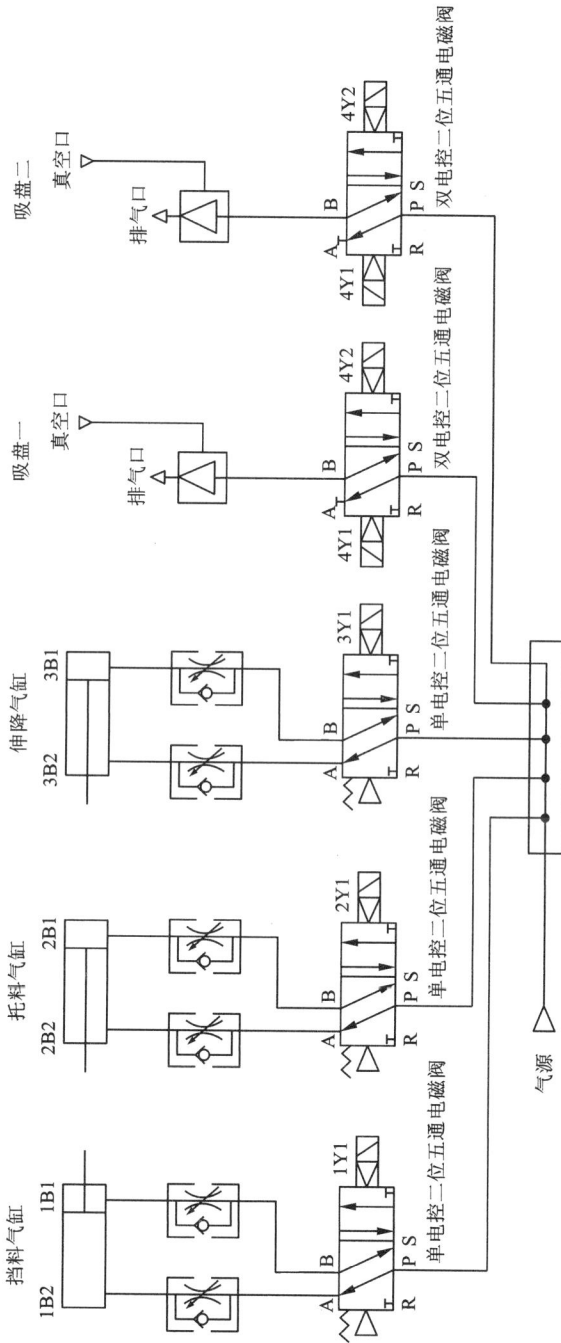

图 JN2-2-3-2 加盖单元气动原理图

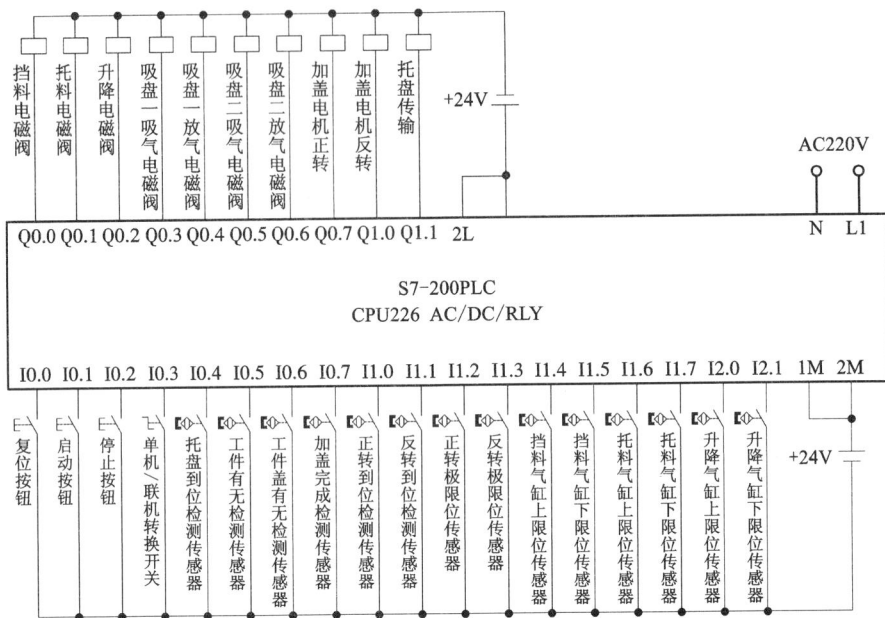

附图5　加盖单元电气原理图

③技术文档编写规范。

（2）实施条件。

项目实施条件、工具及材料清单见附表41和附表42。

附表41　生产线优化与升级（电气自动化技术专业方向）项目实施条件

项目	基本实施条件
场地	自动化生产线优化与升级工位配有 220 V、380 V 三相电源插座，铺设防静电胶板，照明通风良好
设备	自动化生产线加盖单元、按钮盒、传感器、气动元件、直流减速电机、PLC、触摸屏、塑料铜芯线、线槽板、网孔板、万用表、导线若干
工具	万用表；常用电工工具（剥线钳、十字起等）
测评专家	测评专家要求具备至少三年以上企业自动化生产线升级改造设计工作经验

附表 42 生产线优化与升级(电气自动化技术专业方向)项目实施工具及材料清单

序号	名称	型号与规格	备注
1	断路器	DZ47-63	
2	指示灯	AD16-22DS(AC6.3V)	
3	照明灯	AD16-22DS(AC36V)	
4	按钮盒	BX3-22、BX1-22	
5	单电控电磁阀	4V110-06	
6	双电控电磁阀	4V120-06	
7	汇流板	100-3F	
8	堵头	1/4	
9	直通	J-KJH06-01S 外螺纹直通	
10	直通	J-KJH04-01S 外螺纹直通	
11	消声器		
12	油水分离器	GFR20008F1	
13	节流阀	4M5	
14	标准气缸	CDJ2B16-75	
15	可编程控制器 PLC	S7—200-CPU 226CN AC/DC/RLY	
16	触摸屏	KP700	
17	光电传感器	MHT15-N2317	
18	金属传感器	GH1-305QA	
19	接近开关	GH1-F1710NA	
20	直流减速电机	Z24D25-24GN	
21	编码套管		
22	线槽	25 * 25	
23	塑料铜芯线	BV 1 mm^2	
24	螺杆、螺母、垫片	BVR 0.75 mm^2	
25		φ4 * 25 mm	
26	C45 导轨	安装空气断路器用	
27	接线端子排		

续附表42

序号	名称	型号与规格	备注
28	压线钳		
29	剥线钳		
30	尖嘴钳		
31	斜口钳		
32	十字起	6 * 200；3 * 75	
33	一字起	6 * 200	
34	万用表	MF47	
35	试电笔		

（3）考核时量。

考试时间：180 分钟。

（4）评分标准。

评分标准见附表 11 生产线优化与升级（电气自动化技术专业方向）考核评分标准。

11. JN2-2-4 数控机床装调与检修（机电一体化技术专业方向）

（1）任务描述。

1）任务。

根据电气原理图，选择合适元器件，按照电气线路布局、布线的基本原则，完成变频主轴控制回路的连接与调试。在完成上电前功能检测后，检测数控机床急停、系统启动、轴回参考点控制回路，记录并排除故障；请在排除故障成功上电后，完成变频器参数和系统参数的设置，实现使用变频器控制主轴电机的无级调速功能。

①根据提供的电气原理图，完成电气元器件安装；选择线缆（包括：线径、颜色），线缆两端选择合适接线端子，并根据电路图选择线标。

②参考变频器和数控系统说明书，采用外部信号控制主轴正反转，采用 0 至 10 V 模拟量控制主轴电机转速；变频器运行加减速时间为 1 秒；主轴手动启动速度为 300 r/min；主轴的实际转速与设定转速的误差范围不大于 20%；根据附表 43 机床相关部件技术指标，设置变频器和数控系统的参数，并将修改的变

频器和系统参数分别填写到附表 44 和附表 45 中。

附表 43　机床相关部件技术指标

项目名称	数值	单位	项目名称	数值	单位
主轴电机的额定功率	5.5	kW	主轴电机的最高转速	3000	r/min
主轴电机的极对数	2	无	主轴电机的基本频率	50	Hz
主轴电机的额定电压	380	V	主轴额定电流	18.8	A
主轴电机与主轴传动比	1∶1	无	主轴档位	1	无
主轴编码器每转脉冲数	1024	无	变频器的额定电压	380	V
变频器的额定功率	5.5	kW	变频器的额定频率	50	Hz

附表 44　变频器参数记录表

序号	参数号	参数名称	调整前	调整后	备注

附表 45　数控系统参数记录表

序号	参数号	参数名称	调整前	调整后	备注

③上电前机床功能检测。根据附表 46 所列选项进行上电前功能检测,如在调试过程中出现故障,应排除故障并将故障排除过程填入故障排除记录栏,经测评专家确认后机床方可上电,完成后续检测工作。

附表 46　上电过程记录表

类别	检查事项	技术指标检验标准	是否正常	故障原因分析	故障排除记录	备注
电源	机床总电源	将所有空气开关保险全部拉下。并将数控系统电源线拆下。合上总电源开关，测量单项，三相电压是否正常，符合系统要求				
		根据电气图纸，逐步合上空开或保险，检查各电源电压是否正常。按从强到弱，从前到后的顺序经行				
	数控系统电源	测量 DC24V 电压是否正常，对应的极性是否正确，然后接上电源，系统启动				
急停	急停回路	各电源没有问题，打开急停，系统是否能够复位并显示正常，拍下急停以后，系统处在急停状态				

④主轴功能检测。根据附表 47 主轴功能检测表完成主轴功能检测，主轴电机运转过程中无抖动、啸叫，变频器和数控系统无报警信息。

附表 47　主轴功能检测表

类别	检查事项	技术指标检验标准	是否正常	故障原因分析	故障排除记录	备注
手动方式	主轴正转	按下主轴正转按键，主轴正转				
	主轴停止	按下主轴停止按键，主轴停止旋转				
	主轴反转	按下主轴反转按键，主轴反转				
	主轴点动	按下主轴点动按键，主轴正转				

续附表47

类别	检查事项	技术指标检验标准	是否正常	故障原因分析	故障排除记录	备注
MDI方式或自动方式	M03	输入 M03 S500 后，主轴正转				
	M04	输入 M04 S500 后，主轴反转				
	M05	输入 M05 后，主轴停止旋转				
	S 指令	分别在主轴正转和反转方式下输入 S150/S1000/S2100，观察实际转速与指令转速是否相符，误差范围不大于 20%				
	主轴修调	给定主轴一速度，然后增减主轴倍率，主轴速度应该按相应比例变化				

⑤轴回参考点功能检测及故障排除。进行功能检测时首先将机床的工作状态切换到手动方式，按照附表 48 逐项进行检查，如果有问题请排除故障，并将故障排除记录在附表 48 中。

附表 48 功能检查记录表

类别	检查事项	技术指标检验标准	是否正常	故障原因分析	故障排除记录	备注
回参考点	X 轴回参考点	工作方式切换到回零方式，按下 X 轴正向点动按键，机床回零，连续回零 3 次，并记录回零后机床坐标值				
	Z 轴回参考点	工作方式切换到回零方式，按下 Z 轴正向点动按键，机床回零，连续回零 3 次，并记录回零后机床坐标值				

2)要求。

①根据提供的电气原理图，按照安全规范要求，正确利用工具和仪表，准确完成电气元器件安装，元件在配电板上布局合理、美观。

②按照电气原理图，认真完成上电前、后的检测。认真检查各控制回路的接线，测量控制回路中的相间电阻和对地电阻，检查有无短路情况。逐一合上开关，测量各个元器件的输入和输出电压需符合工作要求。

③参照说明书，正确完成主轴功能检测和设置好变频器、数控系统的控制参数。

④按照功能检测表的顺序对急停、系统启动、轴回参考点进行功能测试，确保机床各功能均能正常工作。

⑤具备良好的职业素养与安全意识。团队分工合理，相互协调性好，工作效率高，书写规范。着装合格，操作规范，工、量具摆放合理，没有违反安全操作规程现象，保持工位清洁卫生。

注意事项：

如遇下述设备事故：由于错接线路导致设备电路烧损；未按规程确认，撞坏设备或损坏元器件；操作失误机床碰撞的，以及其他人员安全事故为零分，并停止所有任务。若发现异常情况，必须立即切断电源。

(2)实施条件。

项目实施条件、工具及材料清单见附表49和附表50。

附表49　数控机床装调与检修(机电一体化技术专业方向)项目实施条件

序号	设备名称	品牌及型号	数量
1	卧式数控车床		1台
2	数控系统	HNC-818D	1个
3	安全防护系统		1个
4	激光干涉仪		1台
5	计算机(用于编程和通信)		1台
6	CAD/CAM 软件		1个

附表 50　数控机床装调与检修(机电一体化技术专业方向) 项目工具及耗材清单

序号	名称	规格	数量	序号	名称	规格	数量
1	剥线钳	DL2003	1 把	16	单相灭弧器	200TK	试题配套
2	斜口钳	6 寸	1 把	17	三相灭弧器	JD6356	试题配套
3	压线钳		1 把	18	多芯软铜线	RV2.5 mm 黑	若干
4	欧式绝缘端子压线钳		1 把	19	多芯软铜线	RV0.75 mm 黑	若干
5	裸线端子压线钳		1 把	20	多芯软铜线	RV0.75 mm 红	若干
6	尖嘴钳	DL22306	1 把	21	多芯软铜线	RV0.75 mm 蓝	若干
7	剪刀	普通型	1 把	22	多芯软铜线	RV0.75 mm 白	若干
8	十字螺丝刀	3×50	1 把	23	接地线	RV1.5 mm 黄绿	若干
9	十字螺丝刀	6×0	1 把	24	欧式绝缘端子	0.5、0.75、1、1.5、2.5 mm	若干
10	一字螺丝刀	3×75	1 把	25	冷压端子	UT1-3、1-4、2.5-3、1.5-4、2.5-4	若干
11	一字螺丝刀	6×80	1 把	26	扎带	150 mm	若干
12	试电笔	氖管式	1 支	27	号码管	∅3.5(空白)	若干
13	记号笔	3~0.8 mm	1 支	28	号码管	∅5.5(空白)	若干
14	热磁继电器	正泰/3P	试题配套	29	万用表	UNI-T UT61B	1 套
14	空气断路器	正泰/3P	试题配套	30	绝缘胶带		1 卷
14	空气断路器	正泰/1P	试题配套	31	烙铁		一套
14	空气断路器	正泰/2P	试题配套				
15	交流接触器	CJX2-3210	试题配套				

（3）考核时量。

考试时间：180 分钟。

（4）评分标准。

评分标准见附表 12 数控机床装调与检修（机电一体化技术专业方向）考核评分标准。

12. JN2-2-5 数控机床改造升级（机电一体化技术专业方向）

（1）任务描述。

1）任务。

根据数控机床的机械原理图、电气原理图、机械装配图等技术文件，合理使用相关仪器仪表、软件，为数控机床增加适应智能化需要的自动门、自动夹具的功能扩展，完成长度光栅尺的连接、参数设置和调试。

①编制数控机床升级的改造方案。

②数字化在机测头安装与测量。测头已安装完成，利用提供的测头，按照表中要求完成各项任务，并将结果填入附表 51。

附表 51　数字化在机测头安装与测量任务记录表

序号	任务	要求	记录
1	确认测头电气连接与安装	确认测头连接测头的工作电源、测头触发信号（样例：X2.0）、测头开启信号（样例：Y2.0）以及地线、测头接收器安装是否正确	
2	测头 PLC 开发与调试	①在梯形图末尾位置新建名为 S＊＊ 的子程序，并在子程序中编写测头开启（M61）和关闭（M62）的相关梯形图；②在 MDI 方式下输入测头开启指令，确认测头是否正确开启；③将机床停止到合适位置，在 MDI 方式下输入 G31G91X100F100 并运行，在确保安全前提下用手轻碰测针，使测针在直径方向上偏移合适角度，观察机床能否正确停止	
3	测头对中调整	将测头安装到刀柄上，利用百分表或千分表等工具调整测针球头的径向跳动，确保球头在水平平面内的径向跳动不超过 0.02 mm，调整到位后锁紧测头，确保测头和刀柄连接牢固	

续附表51

序号	任务	要求	记录
4	测头径向标定	①将自带环规(直径50 mm)固定在工作台面上(可用磁铁),并检查环规上表面和工作台面的平行度,确保环规和工作台面的平行度小于0.02 mm; ②将测头安装到机床主轴上,并用手轮将测头大概定位至环规中心,球头低于环规上表面位置; ③在MDI方式下开启测头,输入并执行测头标定宏程序; ④关闭测头	
5	环规直径测量	①同上1、2步骤; ②在MDI方式下开启测头,输入并执行环规内径测量宏; ③关闭测头; ④记录环规直径数据	

③自动在线测量工件直径。在工件加工过程中,首件和第二件加工过程中分别自动调用在线测量宏程序,检测结果自动赋值到相应的宏变量,将在线检测结果记录到附表52中。

附表52 工件在线测量记录表

序号	内容	记录
1	首件自动测量	在首件加工时能自动调用宏程序,测量值为:
2	第二件自动测量	在第二件加工时能自动调用宏程序,测量值为:

④自动门、自动夹具的功能实现。根据提供的电气图纸和气动图,完成对气动门、零点夹具的气路连接,通过指定机床操作面板按钮和相应的M功能指令实现加工中心气动门、零点夹具的PLC编程控制。

a.完成加工中心气动门以及零点夹具气路连接。

b.根据提供的数控机床电气原理图和指定机床操作面板上按钮地址,开发PLC程序实现手动和手轮方式下设备气动门开关和零点夹具夹紧松开工件功能。

c.开发PLC程序,实现在MDI和自动方式下,指定M指令实现气动门开关和零点夹具夹紧松开工件。

　　d.把完成情况填写在附表53相应位置上,并在完成后验收。

　　e.设备备用输入输出地址一览表,并把设计用到的输入输出地址、M指令和关键程序记录到附表53相应位置上。

附表53　自动门和零点夹具功能完成记录表

序号	完成内容		验收情况
1	气路完成情况	气动门气路	完成　（　　） 未完成（　　）
		夹具气路	完成　（　　） 未完成（　　）
2	手动/手轮方式	气动门功能	完成　（　　） 未完成（　　）
		夹具功能	完成　（　　） 未完成（　　）
3	MDI/自动化方式	气动门功能	完成　（　　） 未完成（　　）
		夹具功能	完成　（　　） 未完成（　　）
	M指令		

续附表53

序号	完成内容		验收情况
4	输入地址及含义		
	输出地址及含义		
5	记录关键程序：		

⑤完成加工中心智能化改造中工业机器人的应用。根据提供电气图纸和气路图以及上下料部件、毛坯和成品库座，进行工业机器人卡爪气管安装与调试，进行工业机器人与加工中心之间动作的示教编程和调试(现场工业机器人与加工中心电气信号线硬件已连接完成，不需要选手电气施工)。

通过对工业机器人示教编程，完成以下功能：

①工业机器人卡爪气管的安装与调试。其主要内容包括机器人手爪气路安装，气压调整。

②毛坯上料。示教编程实现对毛坯库1位置的毛坯正确抓取，并能放置到数控加工中心夹具座中，并能夹紧。

③成品下料。示教编程机器人能够正确从加工中心夹具座中取出工件，放

回到成品库 1 位置。

④机器人与加工中心联动调试。开发优化 PLC 程序和机器人程序：在自动或 MDI 方式，在加工中心上利用多个 M 指令实现加工中心门开→启动机器人从毛坯库 1 上料→零点夹具夹紧→机器人回退到位→防护门关门，延时 10 秒后，加工中心防护门开→机器人下料→零点夹具松→机器人下料成品库 1→机器人回退到位→结束

⑤把机器人连接到数控系统的输入输出地址、编制的 M 指令及含义、示教的关节坐标数据和关键 PLC 程序填写在附表 54 相应位置。

⑥任务完成后，进行验收，完成情况填写在附表 54 相应位置。

附表 54　工业机器人应用完成情况记录表

序号	完成内容		验收情况
1	卡爪气管的安装与调试 气动门气路		完成　（　　） 未完成（　　）
2	毛坯上料	毛坯上料功能	完成　（　　） 未完成（　　）
		关节数据	
3	成品下料	成品下料功能	完成　（　　） 未完成（　　）
		关节数据	

续附表54

序号	完成内容		验收情况
4	M 指令及含义		
5	输入地址		
	输出地址		

续附表54

序号	完成内容	验收情况
6	记录关键程序：	
7	调试开发情况	

⑥完成数据备份。根据提供的电子存储介质，在监督下，完成把数控系统的中相关数据备份到电子存储介质中，并在附表55中填写完成情况。

附表55　数据备份任务一览表

序号	数据备份内容	记录完成情况
1	备份 PLC 程序	完成(　) 未完成(　)
2	备份系统数据	完成(　) 未完成(　)

2）要求。

①编制合理的数控机床升级改造方案。

②元件布置要合理，线路敷设横平竖直、不交叉、不跨接、整齐、美观；气路连接时元件安装可靠、整齐、到位；气动电磁阀元件安装可靠、整齐、到位；保持元件完好无损。

③要求参数设置合理，功能扩展和开发完善，加工程序编写准确合理。

④完成自动门和自动夹具的数控联调，自动门、自动夹具、光栅尺运行正常。检查无误后，经测评员同意方可通电调试。

⑤具备良好的职业素养与安全意识。团队分工合理，相互协调性好，工作效率高，书写规范。着装合格，操作规范，工、量具摆放合理，没有违反安全操作规程现象，保持工位清洁卫生。

注意事项：

如遇下述设备事故：由于错接线路导致设备电路烧损；未按规程确认，撞坏设备或损坏元器件；操作失误机床碰撞的；工件坐标对错撞刀的，以及其他人员安全事故为零分，并停止所有任务。若发现异常情况，必须立即切断电源。

（2）实施条件。

项目实施设备、工具及材料清单见附表56和附表57。

附表56　数控机床改造升级（机电一体化技术专业方向）项目实施设备

序号	设备名称	品牌及型号	数量
1	立式加工中心（三轴，Z轴装光栅尺）		1个
2	数控系统	HNC-818D	1个
3	数字化在机测头（用于加工中心）	润泽 RUN CP52/雷尼绍 Primo	1个
4	零点定位装置（用于加工中心）	特力 D100	1个
5	工业机器人及夹具	华数 HSR JR612	1个
6	十字滑台（带单轴光栅尺）		1台
7	安全防护系统		1个
8	激光干涉仪		1台
9	计算机（用于编程和通信）		1台
10	CAD/CAM 软件		1个

附表57　数控机床改造升级（机电一体化技术专业方向）项目实施工具及材料清单

序号	名称	型号、规格	数量/工位
1	大理石平尺	500 mm（0 级）	1块
2	大理石方尺	300 mm×300 mm（0 级）	1块
3	大理石等高块	40×40×40	2块

续附表57

序号	名称	型号、规格	数量/工位
4	BT40 主轴检验芯棒（带拉钉）	300 mm	1 根
5	装导轨用力矩扳手	按照导轨螺钉紧固要求配	1 把
6	找表弯板	检测丝杠上母线最高点用	1 套
7	油壶		1 个
8	调整滑台地脚螺钉专用板子（调水平）		1 块
9	水平仪	150, 0.02/1000	1 个
10	锁刀器	BT40（安装固定、均布在 18 个工位）	18 个
11	工作台	不小于 1000×600 mm（可卡因放置平尺、角尺等工量具）	1 个
12	游标卡尺	0~150 mm	1 把
13	数显公法线千分尺	25~50 mm，精度 0.01	1 把
14	数显千分尺	75~100 mm，精度 0.01	1 把
15	数显深度千分尺	0~25 mm，精度 0.01	1 把
16	内径环规	直径 50 mm	1 只
17	刀柄及拉钉（千木）	BT40-ER32，45。拉钉	2 个
18	弹簧夹头（成林）	ER32-12	1 个
19	弹簧夹头（成林）	ER32-8	1 个
20	夹头扳手（成林）		1 把
21	立铣头（山高）	Φ12 铝用硬质合金立铣刀	2 把
22	球头铣刀（山高）	R4 铝用硬质合金立铣刀	2 把
23	杠杆千分表	规格+/-0.1 mm，1 格 0.002 mm	1 块
24	杠杆百分表	规格+/-0.4 mm，1 格 0.01 mm	1 块
25	磁性表座	CZ-6A（或 CZ-B6）	2 个
26	试电笔	氖管式	1 支
27	内六角扳手	7 件套(2.3.4.5.6.8.10.12)	1 套

续附表57

序号	名称	型号、规格	数量/工位
28	橡皮锤	圆头	1个
29	紫铜棒	Φ25×240 mm	1条
30	工具箱		1个
31	记号笔	3~0.8 mm	1-2支
32	活动扳手	6寸	1把
33	活动扳手	12寸	1把
34	塞尺	0.02~1.00 mm	2组
35	深度尺	0~200 mm	1把
36	万用表	VC890D	1~2个
37	十字螺丝刀	3×75	1~2把
38	十字螺丝刀	5×150	1~2把
39	一字螺丝刀	3×75	1~2把
40	一字螺丝刀	5×150	1~2把
41	其他	无纺布、刷子	若干

（3）考核时量。

考试时间：120分钟。

（4）评分标准。

评分标准见附表13数控机床改造升级（机电一体化技术专业方向）考核评分标准。

13. JN2-2-6 工业机器人装配单元应用编程（工业机器人技术专业方向）

（1）任务描述。

1）任务。

现有一台工业机器人智能检测与装配工作站，工作站由工业机器人、上料单元、输送单元、快换装置、立体库、变位机、视觉检测、RFID 模块和装配模块组成。请对工业机器人进行现场编程，对 PLC、HMI、RFID 进行组态和相关编程，在示教盒中创建并设置机器人控制、相机控制等多个任务，编写工业机器人程序实现一套关节部件的上料、输送、检测、装配和入库过程。关节坐标系下工业机器人工作原点位置为(0°，-20°，20°，0°，90°，0°)。具体任务如下所示：

①完成机器人外围系统应用编程。

通过 PLC 编程软件，打开指定的考核环境工程，对 PLC、HMI 和 RFID 进行组态及编程，建立 PLC 与工业机器人的通信，实现 RFID 模块的控制(考核环境提供变位机、旋转供料台等模块的控制)，绘制 HMI 画面并配置相关变量，正确显示立体仓位信息、输出法兰的颜色和角度信息、RFID 读写数据，如附图 6 所示。

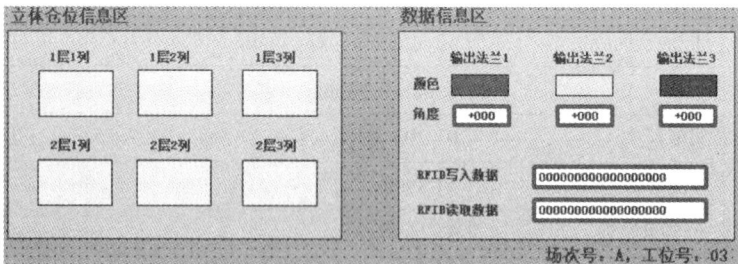

附图 6　HMI 显示界面示例

打开视觉软件，连接相机，将需要检测的工件以合适的位置平放在输送带末端，触发相机拍照，利用视觉软件相关工具训练学习工件，用串口调试软件获取工件信息。

②完成装配单元的复位操作

a.初始复位。

用手将绘图模块上的绘图板复位到水平状态，利用示教盒将工业机器人手动操作到非原点位置、变位机处于非水平位置状态、上料单元推料气缸伸出、装配模块上定位气缸伸出，将工业机器人调整到自动运行模式，按下示教盒程序启动按键(之后禁止对示教器进行任何操作)，工业机器人末端无工具，然后返回至工作原点；变位机由非水平状态复位到水平上料状态，上料单元推料气缸缩回，装配模块上定位气缸缩回，输送带上没有工件，HMI 上输出法兰的颜色清零(用白色表示清零)和角度信息清零、RFID 数据清零。

b.结束复位。

待一套关节部件装配完成且料筒工件清理完成后，工业机器人自动将末端工具放入快换装置并返回工作原点。

c.停止。

系统运行过程中按下工作台上的红色停止按钮，工业机器人立即停止，停止后须手动操作机器人到工作原点，重新加载程序且系统初始复位完成后，按下工作台绿色启动按钮可再次运行程序。

③完成关节部件装配。

a.关节部件的工件准备。

本任务需要完成一套关节部件的装配(含 2 个零件的装配,其中红色关节底座和红色输出法兰各 1 个)。手动将 1 个红色关节底座放入立体库;手动将 3 个输出法兰工件(红、黄、蓝各 1 个)随机顺序放置到上料单元供料桶中。

b.关节部件的装配步骤。

步骤一:关节底座在装配模块上正确定位。

关节底座定位:按下工作台绿色启动按钮,工业机器人自动抓取弧口手爪工具并返回工作原点,然后抓取立体库上关节底座工件,将关节底座搬运至 RFID 模块上进行工序写入(工序号为 1;工序内容为 ABD;日期时间为当前时刻的机器人系统时间),并在 HMI 的写入数据栏进行显示,最后将关节底座搬运到处于水平状态变位机上的定位模块上,定位气缸伸出固定关节底座,完成关节底座的定位。

步骤二:输出法兰装配到关节底座内(嵌入卡槽后顺时针旋转 90 度锁定)。

输出法兰上料:关节底座定位完成后,工业机器人控制上料气缸将供料筒中的一个工件推出,2 秒后自动缩回,实现工件上料过程。

输出法兰输送:工件上料完成后,输送带立即开始运行,并将输送至输送带末端,待末端传感器检测到工件 3 秒后输送带自动停止。

输出法兰检测:工件输送至末端且输送带停止后,工业机器人触发相机拍照,获取工件颜色和角度信息,并将工件颜色信息在 HMI 上显示。

输出法兰装配:获取输出法兰角度信息后,工业机器人调整吸盘角度吸持输出法兰工件,将输出法兰装配至关节底座内,嵌入卡槽后顺时针旋转 90 度锁定,完成输出法兰的装配。

在输出法兰检测时,若检测到不是红色输出法兰工件,工业机器人自动更换吸盘工具后将减速机搬运到废料区堆叠存放,然后重复执行"输出法兰上料""输出法兰输送""输出法兰检测"三个步骤;若是红色输出法兰工件,工业机器人执行"输出法兰装配"步骤。

步骤三:装配好的关节成品返回立体库指定位置。

成品入库:工业机器人自动更换弧口手爪工具,正确抓取关节成品并搬运至 RFID 模块上查询步骤一写入的工序信息,并在 HMI 的读取数据栏进行显示,再将关节成品搬运至立体库,完成一套关节成品的装配任务。

料筒工件清理:若一套关节成品装配完成并入库后,料筒中还有工件,则继续执行关节部件的装配步骤,直至料筒中没有工件。

2）要求。

①根据控制要求，正确完成机器人外围系统应用编程，包括工业相机、HMI 参数配置，实现 PLC 与工业相机、HMI、工业机器人之间的数据交互。

②设备能正常读取 RFID 信息，并能在 HMI 中显示 RFID 信息和法兰颜色、角度等信息，HMI 界面要求布局合理、美观。

③系统复位具有初始复位、停止复位、符合操作逻辑、完善。

④按照装配功能要求，完成工业机器人组装单元的上料、输送、检测、装配和入库整个过程的程序设计与调试，并进行功能演示。

⑤具备良好的职业素养与安全意识。团队分工合理，相互协调性好，工作效率高，书写规范。着装合格，操作规范，工、量具摆放合理，工位清洁卫生，操作过程遵循安全操作规程，调试过程中不能发生碰撞、带电检修等违规现象。

（2）实施条件。

项目实施条件、工具及材料清单见附表 58 和附表 59。

附表 58　工业机器人装配单元应用编程（工业机器人技术专业方向）项目实施条件

项目	基本实施条件
场地	机器人设备工位，且采光、照明良好
工具	每个工位一个工具箱，配有常用的电工工具和万用表
设备	串型六轴工业机器人及配套的工作平台
测评专家	测评专家考评员要求具备至少一年以上工业机器人应用编程工作经验

附表 59　工业机器人装配单元应用编程（工业机器人技术专业方向）项目实施工具及材料清单

序号	名称	型号与规格	备注
1	机器人工具	弧口手爪	
2	机器人工具	平口手爪	
3	机器人工具	吸盘	
4	机器人工具	绘图笔	
5	关节底座		
6	电机		

续附表59

7	减速机		
8	输出法兰		
9	平头内六角扳手套件	09106	
10	花型内六角扳手套件	09715	
11	微型螺丝批组套	09316	
12	万用表	MF47	
13	常用电工工具包	配备一字起、十字起、尖嘴钳等基本工具	

（3）考核时量。

考试时间：180分钟

（4）评分标准。

评分标准见附表14工业机器人装配单元应用编程（工业机器人技术专业方向）考核评分标准。

14. JN2-2-7 工业机器人定期点检（工业机器人技术专业方向）

（1）任务描述。

1）任务。

某企业需要对IRB1200机器人进行定期维护，以确保其功能。请根据机器人维护与保养手册和IRB1200定期点检表，对机器人进行定期维护。

①清洁工业机器人。

②检查工业机器人线缆。

③检查轴1机械限位、检查轴2机械限位、检查轴3机械限位。

④检查信息标签。

⑤检查同步带。

⑥更换电池组。

⑦填写定期点检表，如附表60所示。

附表 60　IRB1200 定期点检表

_____年

类别	编号	检查项目	1	2	3	4	5	6	7	8	9	10	11	12
定期①点检	1	清洁工业机器人												
	2	检查工业机器人线缆②												
	3	检查轴 1 机械限位③												
	4	检查轴 2 机械限位③												
	5	检查轴 3 机械限位③												
		确认人员签字												
每 12 个月	6	检查信息标签												
		确认人员签字												
每 36 个月	7	检查同步带												
	8	更换电池组④												
		确认人员签字												
备注	①"定期"意味着要定期执行相关活动,但实际的间隔可以不遵守工业机器人制造商的规定。此间隔取决于工业机器人的操作周期,工作环境和运动模式。通常环境污染日益严重,运动模式越苛刻,电缆线束弯曲越厉害,检查时间间隔越短; ②工业机器人布线包含工业机器人与控制柜之间的布线,如果发现有损坏或裂缝或即将达到寿命应更换; ③如果机械限位被撞到应立即检查; ④电池的剩余后备电量(工业机器人电源关闭)不足两个月时。将显示电池低电量警告(38213 电池电量低)。通常,如果工业机器人电源每周关闭 2 天,则新电池的使用寿命为 36 个月。而如果工业机器人电源每天关闭 16 小时,则新电池的使用寿命为 18 个月。对于较长时间的生产中断,通过电池关闭服务例行程序,可延长电池使用寿命(大约三倍) 注:设备点检,维护正常画"√";使用异常画"△";设备未运行画"/"														

2）要求。

①能根据防护等级选择正确的工业机器人清洁方法，安全措施和清洁工作到位。

②能按正确步骤和方法完成工业机器人各部分线缆检查工作。

③工业机器人各轴机械限位检查步骤和方法正确。

④能对信息标签的位置、字迹进行正确检查和处理。

⑤能对同步带的张力、损坏和磨损等情况进行分析和处理。

⑥能按照工艺要求，按正确步骤和流程完成机器人电池组的更换，并重新复位，完成各项参数的调试。

⑦能按照规范要求完成工单和定期点检表的填写。

（2）实施条件。

项目实施条件、工具及材料清单见附表 61 和附表 62。

附表 61　工业机器人定期点检项目实施条件

项目	基本实施条件
场地	机器人设备工位，且采光、照明良好
工具	每个工位一个工具箱，配有常用的电工工具和万用表
设备	串型六轴工业机器人及配套的工作平台
测评专家	测评专家要求具备至少三年以上工业机器人定期点检工作经验

附表 62　工业机器人定期点检项目实施工具及材料清单

序号	名称	型号与规格	备注
1	机器人后备电池	3HAC051036-001 7.2Ah	
2	螺钉	M3MM＊8MM	
3	平头内六角扳手套件	09106	
4	花型内六角扳手套件	09715	
5	微型螺丝批组套	09316	
6	万用表	MF47	
7	常用电工工具包	配备一字起、十字起、尖嘴钳等基本工具	

(3)考核时量。

考试时间：180 分钟。

(4)评分标准。

评分标准见附表 15 工业机器人定期点检(工业机器人技术专业方向)考核评分标准。

15. JN2-2-8 工业机器人系统集成

(1)任务描述。

1)任务。

企业需要完成某电子产品的装配任务。产品由 6 个部件组成(附图 7)：1号零件——透明盖板；2 号零件——上盖；3 号零件——下盖；4 号零件——接线端子；5 号零件——盖板 A，6 号零件——盖板 B，需要设计工业机器人工作站，自动完成部件的组装工作任务。

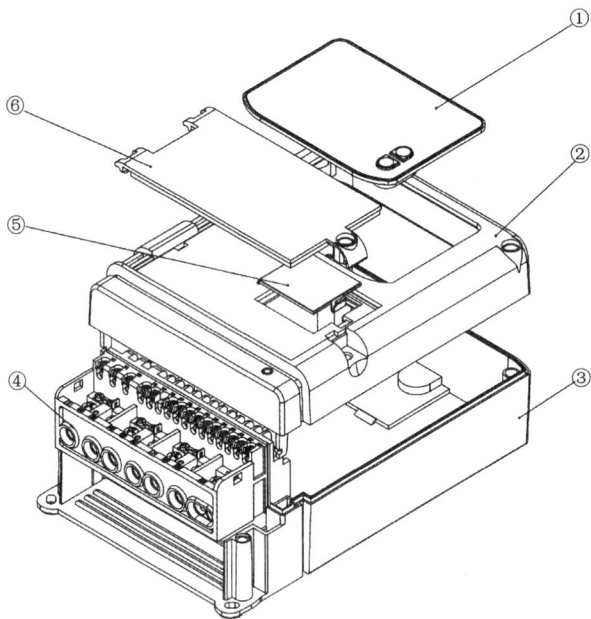

附图 7　部件图

装配的工艺流程如下：

下盖装配：将 4 号零件装配到 3 号零件的指定位置，装配后的效果如附图8 所示，安装精度要求小于 0.1 mm 的误差，4 号零件与 3 号零件安装时不能碰撞损坏。安装到位后，在 3 号零件的沟槽中压入密封条。

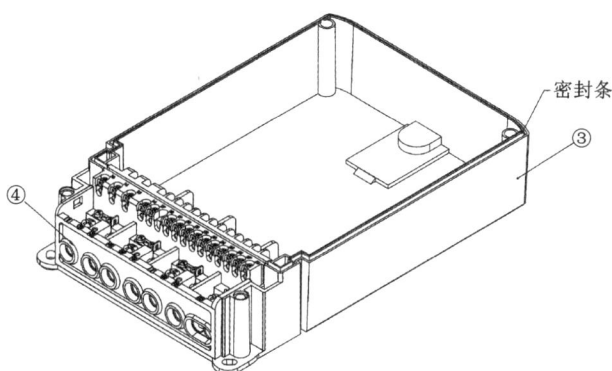

附图 8　装配步骤 1

注：零件 3 中的螺钉和导电柱前期已经安装到位。

上盖装配：对 1 号零件涂胶，涂胶喷幅宽度为 2 mm。1 号零件涂胶后，与 2 号零件粘接在一起，1 号零件与 2 号零件粘接方向如附图 9 所示。

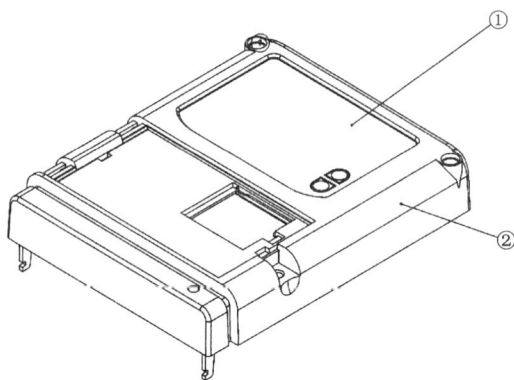

附图 9　装配步骤 2

注：零件 1 中的按钮前期已经安装到位。零件 2 中按钮前期已经安装到位。

上、下盖装配：将装配好的上盖和下盖按如附图 10 所示，进行上、下盖安装，并拧紧前部 2 颗固定螺钉。

盖板装配：先将零件 5—盖板 A 装配到如附图 11 所示的位置，再安装零件 6—盖板 B 安装到附图 11 所示位置。安装到位，并拧紧 2 颗固定螺钉。

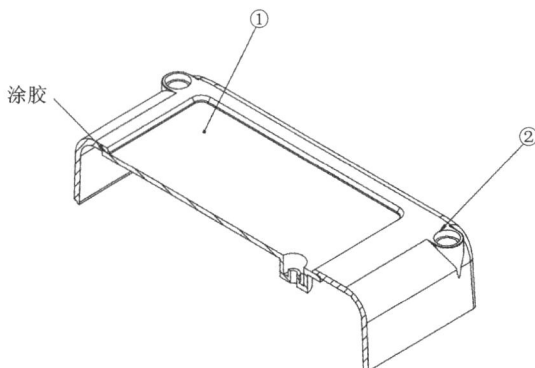

附图 10　装配步骤 3

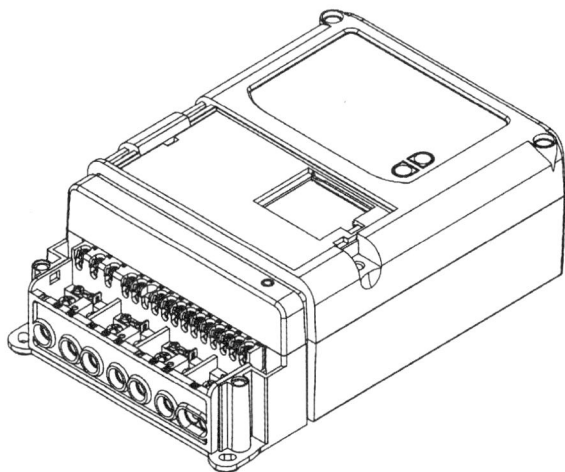

附图 11　装配步骤 4

　　成品装箱：将部件放入物料箱存放，一个物料箱可以放置 2 个。

　　现有企业遇到以下问题：目前工厂采用的是纯手工操作，生产效率较低，要求进行技术改造以后，能够达到 300 个/小时的产量；因公司场地有限，希望尽量减少设备的占地面积。该设备有几种不同的型号，这些设备的电路板略有差异，为了实现柔性化生产，需要设计一条以工业机器人为核心的柔性自动化线。

　　出于成本角度考虑，上、下料可以手工实现，部分工序如难以实现自动化改造，可以采用人工实现。针对设备的生产流程，进行机器人装配工艺流程的设计，并能实现加工过程的追溯，并通过适当的方式对功能进行验证。

根据上述要求,完成如下任务:

①根据任务要求,完成工业机器人系统集成方案书的编制。

②根据原理图和安装图,按照工艺要求,完成工业机器人本体、工装夹具的检查,完成电气部分和气路部分的检查。

③配合考官完成对工业机器人系统集成单元进行现场陈述现场并进行现场验收工作。

④验收过程中,完成柔性生产线的产能与性能指标测试并记录。

2)要求。

①培训期间完成系统方案设计、安装与调试工作;现场考核主要对工业机器人为核心的柔性自动化线进行检查验收工作。

②工业机器人系统集成方案书内容完整,表达准确,具有可行性分析、性能指标、经济指标、安全性能等方面的阐述。

③根据方案书和安全规范要求,利用工具和仪表,检查柔性生产各控制回路和安装工艺有无异常情况。若发现异常情况,必须立即切断电源;调试过程如遇故障自行排除。

④根据方案书的性能指标和安全性能,检查柔性生产线利用工业机器人组装生产的流程与精度是否达标,验收系统是否已达到300个/小时产能,零件装配精度能小于 0.1 mm 的误差,零件的涂胶涂幅满足 2 mm 的指标要求,系统具有产品的追溯功能。

⑤现场陈述过程中客观地介绍和评价设计方案,语言表达清晰。

⑥具备良好的职业素养与安全意识。团队分工合理,相互协调性好,工作效率高,书写规范。着装合格,操作规范,工、量具摆放合理,没有违反安全操作规程现象,保持工位清洁卫生。

(2)实施条件。

项目实施条件、工具见附表63。

附表63　工业机器人系统集成项目实施条件及工具

项目	基本实施条件
场地	工业机器人系统集成工位配有电脑、仿真软件,照明通风良好
设备	电脑、仿真软件、白板
工具	万用表、笔、尺子、常用工具
测评专家	测评专家要求具备至少一年以上企业工业机器人系统集成设计工作经验或三年以上工业机器人的组装与调试实训指导经历

（3）考核时量。

考试时间：180 分钟。

（4）评分标准。

评分标准见附表 16 工业机器人系统集成考核评分标准。

16. JN2-3-1 基于智能化边缘计算系统的生产线改造升级方案

（1）任务描述。

1）任务。

小组协作以提升生产效率和产品良率为核心目的，设计、编撰用于装备制造企业传统生产线智能化升级改造的智能化边缘计算系统改造、集成方案。制作演示 PPT，汇报设计方案，回答专家评委和企业技术骨干提问。完成以下任务：

①边缘计算系统搭建方式与设备选型。

②工业云平台服务配置与设计。

③编撰改造、集成实施方案。

④汇报智能化边缘计算系统的生产线改造升级方案并回答专家提问。

2）要求。

①以小组为单位，自主选择智能化边缘计算系统搭建方式、设备和工业云平台服务，设计用于装备制造企业传统生产线智能化升级改造的智能化边缘计算系统建设、集成方案，能充分应用工业云平台、人工智能技术优化生产安排和进度，提升生产效率和产品良率。

②分享展示及回答问题要求能简明、清晰地汇报改造方案目的、可行性分析、技术性能指标、经济性评价、安全性指标、可靠性评价等内容，回答考核专家提出的问题正确，语言较流畅，逻辑性强。

（2）实施条件。

项目实施条件见附表 64。

附表 64　基于智能化边缘计算系统的生产线改造升级方案实施条件

项目	基本实施条件
场地	采光、照明、通风良好的多媒体教室
设备	投影仪、电脑等
测评专家	测评专家要求具备行业企业工作经历，了解边缘计算系统、工业云平台、人工智能应用与部署，熟悉高职教育

（3）考核时量。

考试时间：30 分钟。

（4）评分标准。

评分标准见附表 17 基于智能化边缘计算系统生产线改造升级方案考核评分标准。

17. JN3-1-1 行业企业调研

（1）任务描述。

1）任务。

根据学校工作的统一安排，将启动本年度的专业人才培养调研工作，作为专业负责人或骨干教师，请你完成以下任务：

①制订调研工作方案。

②遴选或开发调研工具。

③组织实施调研工作。

④分析调研结果，形成专业调研报告。

⑤小结完成以上工作，并进行汇报。

2）要求。

①调研方案要素齐全、体例规范、安排合理；调研成员合理、调研目标和对象明确、调研内容能够达到目标要求；调研问卷有效，符合调研目标要求；调研组织过程安排合理，能够实施。

②能够按照要求制定针对企业管理者、岗位骨干和毕业生的调研问卷；学校管理者、骨干教师的调研问卷；行业专家访谈提纲等；调研问卷或访谈提纲的格式规范，内容科学，与调研目标匹配；问卷的呈现形式与调研方法匹配。

③调研报告内容全面、科学，格式规范，语句通顺，能够客观、真实反映调研情况；调研收集的资料全面、有效；调研资料整理及时、分析准确，能真实反映并支撑调研目标；调研结果呈现客观、真实，分析方法正确；调研结论提炼到位。

④分享展示清晰地陈述调研的设计、实施过程及成果，表达流畅，思路清晰，重点突出，PPT 辅助表达，过程资料呈现清晰。

⑤回答问题准确，语言流畅，逻辑性强。

（2）实施条件。

行业企业调研项目实施条件见附表 65。

附表 65　行业企业调研项目实施条件

项目	基本实施条件
场地	采光、照明、通风良好的多媒体教室
设备	投影仪、电脑等
测评专家	测评专家要求具备行业企业工作经历，了解行业企业发展和人才需求，熟悉高职教育

（3）考核时量。

考试时间：30 分钟。

（4）评分标准。

评分标准见附表 18 行业企业调研考核评分标准。

18. JN3-2-1 典型工作任务分析

（1）任务描述。

1）任务。

为了进一步优化专业课程体系，根据行业企业调研方案的安排，需要组织一次实践专家访谈会。

①制订实践专家访谈会的工作方案。

②做好会务准备，并组织会议。

③形成自动化类（电气自动化技术、机电一体化技术、工业机器人技术）典型工作任务分析表。

④会后对该项工作进行小结，撰写会议纪要，并对本项工作情况进行汇报。

2）要求。

①访谈方案的格式规范，要素齐全，职责分明，经费预算合理；会议通知清晰明了，日程安排合理；邀请函、证件、资料、场地、设备等的准备及要求具体。

②典型工作任务的数据分析准确，结论提炼到位，能支撑自动化类（电气自动化技术、机电一体化技术、工业机器人技术）课程体系和课程内容结构；对典型工作任务的分析及描述客观、规范，使用专业术语。会议纪要的格式规范，要素齐全；内容能够反映实践专家访谈会的概貌；对会议形成观点的提炼客观、真实。

③汇报能清晰地陈述调研专家访谈会的策划、组织和实施过程及成果，表

达流畅，思路清晰，重点突出，PPT 辅助表达，过程资料呈现清晰。

④回答问题准确，语言流畅，逻辑性强。

（2）实施条件。

典型工作任务分析项目实施条件见附表 66。

附表 66　典型工作任务分析项目实施条件

项目	基本实施条件
场地	采光、照明、通风良好的多媒体教室
设备	投影仪、电脑等
测评专家	测评专家要求具备行业企业工作经历，了解行业企业发展和岗位能力需求，熟悉高职教育

（3）考核时量。

考试时间：30 分钟。

（4）评分标准。

评分标准见附表 19 典型工作任务分析考核评分标准。

19. JN3-3-1 课程体系开发

（1）任务描述。

1）任务。

以小组为单位，基于对调研资料的分析，完成以下任务：

①按照一定的逻辑关系，重构自动化类（电气自动化技术、机电一体化技术、工业机器人技术）专业课程体系。

②优化一门核心课程的课程标准。

③构建本专业的实践性教学体系，开发一门实践课程的课程标准。

2）要求。

①基于调研结果，目标岗位分析过程科学，岗位确定符合自动化类（电气自动化技术、机电一体化技术、工业机器人技术）专业定位和特色。职业能力分析过程科学，能力结构符合培养目标和岗位胜任力要求；优化或重构的课程体系逻辑关系清晰，符合新型模块化课程结构要求，课程结构设计合理，课程之间边界清晰、无交叉或重复设置课程，课程能够满足主要岗位胜任力的培养要求。

②课程标准文本规范，格式体例符合要求，课程培养目标明确，培养规格

符合岗位胜任力要求，课程内容能准确对接相应工作岗位典型工作任务要求，教学模式或方法对接实际工作岗位工作方法或流程，课程评价方法和保障措施明确，能够满足课程教学需要。实践教学内容符合自动化类(电气自动化技术、机电一体化技术、工业机器人技术)专业典型工作任务的实践能力要求，实践课程设置科学、合理、符合专业特点和学生认知规律。

③实践课程标准文本规范，格式符合要求，培养目标和培养规格明确，教学内容对接岗位典型工作任务要求，教学模式、评价方法、教学保障等符合课程教学要求。汇报能清晰地陈述课程体系、课程标准开发的理念、方法、开发过程及成果，表达流畅，思路清晰，重点突出，PPT辅助表达，过程资料呈现清晰。

④回答问题准确，语言流畅，逻辑性强。

（2）实施条件。

课程体系开发项目实施条件见附表67。

附表 67　课程体系开发项目实施条件

项目	基本实施条件
场地	采光、照明、通风良好的多媒体教室
设备	投影仪、电脑等
测评专家	测评专家要求具备行业企业工作经历，了解行业企业发展和岗位能力需求，熟悉高职教育

（3）考核时量。

考试时间：30分钟。

（4）评分标准。

评分标准见附表20课程体系开发考核评分标准。

20. JN3-4-1 教学案例开发

（1）任务描述。

1）任务。

以小组为单位，基于任教课程对应工作岗位的企业实践，进行教学资源的开发，完成以下任务：

①优化任教课程的教学案例。

②完善任教课程的题库。

③基于线上线下教学要求，建设或完善信息化教学资源。

2）要求。

①教学案例数量合适，能够满足一门课程教学需要；案例的格式、体例符合要求。

②案例源于自动化类（电气自动化技术、机电一体化技术、工业机器人技术）工作实际岗位，同时符合课程教学目标达成的需要。教学资源设计科学、类型合适、数量充足，能够满足线上线下教学和考核评价的需求。

③汇报能清晰地陈述教学资源开发的理念、方法、开发过程及成果，表达流畅，思路清晰，重点突出，PPT辅助表达，过程资料呈现清晰。

④回答问题准确，语言流畅，逻辑性强。

（2）实施条件。

课程体系开发项目实施条件见附表68。

附表68　教学案例开发项目实施条件

项目	基本实施条件
场地	采光、照明、通风良好的多媒体教室
设备	投影仪、电脑等
测评专家	测评专家要求具备行业企业工作经历，了解行业企业发展和岗位能力需求，熟悉高职教育

（3）考核时量。

考试时间：30分钟。

（4）评分标准。

评分标准见附表21教学案例开发考核评分标准。

21. JN3-5-1教学能力展示

（1）任务描述。

1）任务。

以小组为单位，将企业实践的成果转化为教学成果，提升教学能力。完成以下任务：

①优化1次课程的教学设计，书写教案，组织实施教学，进行教学效果评价和反思。

②完成8~10分钟左右的无学生现场教学展示。

③对本次课的教学设计、实施、评价和反思情况进行小结和汇报。

2）要求。

①教案应包括授课信息、任务目标、学情分析、活动安排、课后反思等教学基本要素；设计合理、重点突出、规范完整、详略得当，能够有效指导教学活动的实施，应当侧重体现具体的教学内容及处理、教学活动及安排。

②现场教学充分展现新时代职业院校教师良好的师德师风、教学技能和信息素养；教学态度认真、严谨规范、表述清晰、亲和力强；引导学生树立正确的理想信念、学会正确的思维方法、培育正确的劳动观念、增强学生职业荣誉感；能够创新教学模式，给学生深刻的学习体验；能够与时俱进地提高信息技术应用能力、教研科研能力。

③教态自然，语言流畅，表达规范，思路清晰，重点突出，回答问题准确，语言流畅，逻辑性强。

（2）实施条件。

教学能力展示项目实施条件见附表69。

附表 69　教学能力展示项目实施条件

项目	基本实施条件
场地	采光、照明、通风良好的多媒体教室
设备	投影仪、电脑等
测评专家	测评专家要求具备行业企业工作经历，了解行业企业发展和岗位能力需求，熟悉高职教育

（3）考核时量。

考试时间：30分钟。

（4）评分标准。

评分标准见附表22教学能力展示考核评分标准。

22. JN4-1-1 非标自动化设备设计说明书

（1）任务描述。

1）任务。

某一由机械设备与数控系统组成的适用于加工复杂零件的高效率自动化机床，其机床加工中心上下料都是由人工操作完成，有时同一件工件也需要在机床加工中心的不同机床（例如车床、铣床、钻床、铰床、镗床等）中进行加工，工件需要在不同的机床之间来回运转，对于机床加工中心中需用不同机床加工或者需要来回多次加工的工件，常常采用 AGV 小车来进行输送，但是，这样的输送方式不理想，浪费生产工时，同时人工搬运操作时存在潜在安全风险。

要求设计一台非标自动化输送机，采用底部输送装置、第一升降输送装置、顶部输送装置和控制系统、转料机构和第二升降输送装置，底部输送装置包括水平移送机构和底部输送机构，水平移送机构包括齿条底座和放料台，放料台包括水平移动组件和竖直抬升组件，控制系统分别与平移电机和电动推杆电连接，用于控制平移电机带动平移齿轮转动，促使放料台相对齿条底座水平移动；并控制电动推杆推动升降底座做升降运动，将放料台上的待加工工件输送至底部输送机构上；智能化程度高、节省人力物力；上料方便、节省空间；可靠性好且维护方便。

①以小组为单位，学员根据提供的非标设备的技术需求，完成非标设备方案设计说明书。

②制作 PPT 分享成果，回答考评专家提问。

2）要求。

①方案设计说明书结构清晰，描述准确，内容完整；方案设计客观可行、性价比较高；技术路线条理清晰、逻辑性强，机械和电气功能模块划分准确；方案比较研究分析到位；电气原理图、安装图纸设计完善，绘制规范；技术上具备先进性，有一定的创新；方案实施能有效提高生产效率。

②分享展示清晰地展示方案设计的各个环节，表达流畅，思路清晰，重点突出，PPT 辅助表达，过程资料呈现清晰。

③回答问题准确，语言流畅，逻辑性强。

（2）实施条件。

项目实施条件见附表 70。

附表 70　非标自动化设备设计说明书实施条件

项目	基本实施条件
场地	采光、照明、通风良好的多媒体教室
设备	投影仪、电脑等
测评专家	测评专家要求具备至少三年以上企业非标设备和产品设计工作经验

（3）考核时量。

考试时间：30分钟。

（4）评分标准。

评分标准见附表23非标自动化设备设计说明书考核评分标准。

23. JN4-2-1 非标设备推广策划方案

（1）任务描述。

1）任务。

以小组为单位，调研2~3家非标现场的设备应用，根据企业提供的终端客户交流书，落实客户需求，完成以下任务。

①编制非标设备推广策划方案。

②制作PPT分享成果，回答考评专家提问。

2）要求。

①推广策划方案能清晰描述项目背景、项目建设的必要性、项目投资的概况、产品方案、产品的特点和应用领域，推广设备的可操作性和可靠性高；能从市场分析角度开展项目企业在同行业中的竞争优势分析、项目企业综合优势分析，提出项目产品市场推广策略，且调研数据挖掘充分，调研结果分析针对性强；能从绿色环保角度进行能耗分析，提出劳动安全和工业卫生措施和方案；能科学合理提出项目实施进度安排；能客观、准确的进行财务评价和社会效益分析，经济效益和社会影响分析到位。

②汇报能将推广策划方案框架进行清晰合理地陈述，体现方案的可操作性和可靠性和先进性，表达流畅，思路清晰，重点突出，PPT辅助表达，与同类产品的比较性优势描述准确。

③回答问题准确，语言流畅，逻辑性强。

（2）实施条件。

项目实施条件见附表71。

附表71 非标设备推广策划方案实施条件

项目	基本实施条件
场地	采光、照明、通风良好的多媒体教室
设备	投影仪、电脑等
测评专家	测评专家要求具备至少三年以上企业非标设备策划和推广工作经验

（3）考核时量。

考试时间：30分钟。

（4）评分标准。

评分标准见附表24非标设备推广策划方案考核评分标准。

（二）结业考核样题

从本专业课程中自选一门课程的一个教学单元，吸纳企业实践中所学习的知识和技能，按照成果导向或工作过程系统化理念，优化课程整体设计和单元设计，重点完成一个项目或一次课的教学设计，并准备完成本项目或本次课教学需要的教学资源。格式不限，但必须至少包括以下内容：（1）课程整体设计；（2）单元设计；（3）1个项目或1次课程的教学设计，包括课题、教学内容、教学目标、学情分析、教学重点、教学难点、教学方法、教学手段、教学活动安排（教师活动、学生活动、支撑的媒体、教学评价等），附上需要的教学资源。

参考文献

［1］郑丽梅. 工业机器人应用编程(华数)中级［M］. 北京：机械工业出版社，2021.

［2］周军，盛倩. 运动控制系统开发与应用(初级)［M］. 北京：机械工业出版社，2021.

［3］北京百度网讯科技有限公司，陈尚义，彭良莉，等. 计算机视觉应用开发(初级)［M］. 北京：高等教育出版社. 2021.

［4］北京新奥时代科技有限责任公司. 工业机器人 操作与运维实训 中级［M］. 北京：电子工业出版社. 2019.

［5］全国机器人与机器人装备标准化技术委员会，中国标准出版社. 机器人与机器人装备标准汇编［M］. 北京：中国标准出版社，2018.

后 记

<<<<<<<<<<<<<<<

  为全面提升教师企业实践能力和专业教学能力，湖南省教育厅已经连续5年在职业院校教师素质提升计划中，专门设置了教师企业实践培训项目，取得了良好的效果。为了进一步规范教师企业实践工作，使教师企业实践的培训和考核有章可循、有据可依，湖南省教育科学研究院组织开发了"职业院校教师企业实践培训与考核指南丛书"，《职业院校专业教师企业实践培训与考核指南——自动化类专业》是其中之一。

  本《指南》由湖南省教育科学研究院职业教育与成人教育研究所组织开发，历经了企业调研与培训需求分析、企业实践能力分析、专业教学能力分析、培训内容与任务遴选、培训考核与评价、初稿试用、研讨与修改、论证与定稿等阶段。湖南省教育科学研究院舒底清、湖南工业职业技术学院张宇驰拟定了写作提纲，并负责指南的统稿、详细修改和审稿。各部分内容分工如下：湖南工业职业技术学院唐健豪编写职业素养模块，湖南工业职业技术学院刘德玉编写岗位核心能力模块小型运动控制系统开发、智能感知应用等项目，湖南工业职业技术学院何其文编写岗位核心能力模块工业数据采集与处理、自动化生产线安装与调试(电气自动化技术专业方向)、自动化生产线优化与升级(电气自动化技术专业方向)等项目，湖南工业职业技术学院刘良斌、楚天科技股份有限公司龙定华编写岗位核心能力模块工业机器人典型应用编程(工业机器人技术专业方向)、工业机器人维护与保养(工业机器人技术专业方向)等项目，湖南工业职业技术学院彭雯、湖南华数智能技术有限公司闻新骅编写岗位核心能力模块数控机床装调与维护(机电一体化技术专业方向)、数控机床改造升级(机电一体化技术专业方向）、工业机器人系统集成等项目，湖南工业职业技术学院张宇驰、湖南华数智能技术有限公司宁柯编写专业发展能力模块和岗位核心能力模块智能化边缘计算系统应用项目，湖南工业职业技术学院李德尧和刘峥编写专业教学能力模块。本《指南》为湖南省教育教学改革研究重点项目"职业院校'双师型'教学团队建设研究"（项目编号 ZJZD2019002）和教育部国家级职业教育教师教学创新团队课题研究项目"基于职业技能等级证书'双元育人'人才培养模式研究与实践"（项目编号 YB2020010102）的阶段性研究成果。

　　本《指南》在编写过程中得到了湖南省教育厅有关领导和湖南省职业教育与成人教育处的指导和帮助，得到了湖南工业职业技术学院、楚天科技股份有限公司、湖南华数智能技术有限公司等单位的大力支持，在此一并表示感谢。

　　衷心感谢在指南编写过程中付出辛劳的各位同仁。由于水平有限，难免有疏忽和不恰当的地方，恳请读者批评指正，以便不断更新和完善。

编　者

2021 年 8 月

图书在版编目(CIP)数据

职业院校专业教师企业实践培训与考核指南. 自动化类专业 / 舒底清, 张宇驰著. —长沙: 中南大学出版社, 2021.11

ISBN 978-7-5487-4612-6

Ⅰ. ①职… Ⅱ. ①舒… ②张… Ⅲ. ①工业机器人—职业教育—师资培养—教学参考资料 Ⅳ. ①G715

中国版本图书馆 CIP 数据核字(2021)第 155466 号

职业院校专业教师企业实践培训与考核指南
——自动化类专业

舒底清　张宇驰　著

□责任编辑　谭　平

□责任印制　唐　曦

□出版发行　中南大学出版社

　　　　　　社址: 长沙市麓山南路　　　　邮编: 410083

　　　　　　发行科电话: 0731-88876770　　传真: 0731-88710482

□印　　装　长沙雅鑫印务有限公司

□开　　本　710 mm×1000 mm 1/16　□印张 16　□字数 299 千字

□版　　次　2021 年 11 月第 1 版　□印次 2021 年 11 月第 1 次印刷

□书　　号　ISBN 978-7-5487-4612-6

□定　　价　48.00 元